KNUT RADBRUCH

Mathematik in den Geisteswissenschaften

V&R

VANDENHOECK & RUPRECHT
IN GÖTTINGEN

Knut Radbruch

Geb. 1936. Studium der Mathematik, Physik, Philosophie in Hamburg, Erlangen, Heidelberg, 1959 Staatsexamen. 1960–1964 wiss. Mitarbeiter U. Tübingen. 1964–1966 höh. Schuldienst Hamburg. 1966–1971 Akad. Rat U. Tübingen. 1971 Professor am Fachbereich Mathematik der Universität Kaiserslautern. Mitarbeiter am Funkkolleg Mathematik. Mitarbeiter am FIM-Projekt Mathematik. Veröffentlichungen über Mathematik, Didaktik der Mathematik, Philosophie der Mathematik.

CIP-Kurztitelaufnahme der Deutschen Bibliothek

Radbruch, Knut:
Mathematik in den Geisteswissenschaften / Knut Radbruch. –
Göttingen : Vandenhoeck u. Ruprecht, 1989.
(Kleine Vandenhoeck-Reihe ; 1540)
ISBN 3-525-33552-0
NE: GT

Kleine Vandenhoeck-Reihe 1540

Umschlag: Hans-Dieter Ullrich

Schrift: 9/11 Punkt Times auf der Lasercomp (Monotype)
Satz: Tutte Druckerei GmbH, Passau-Salzweg
Druck und Bindung: Hubert & Co., Göttingen

Inhalt

IV. Religion und Mathematik

V. Musik und Mathematik

VI. Geschichte und Mathematik

VII. Recht und Mathematik

Vorwort

Der aspektische Charakter von Wissenschaft zwingt zur Spezialisierung in Forschung und Lehre; im expandierenden System der Wissenschaften geraten Beziehungen zwischen verschiedenen Disziplinen immer mehr in Vergessenheit. Wenn jedoch Gemeinsamkeiten wieder in den Blick gebracht und Beziehungen neu transparent gemacht werden sollen, muß man die engen Grenzen erkenntnisleitender Interessen aufbrechen. Einen Versuch in diese Richtung habe ich 1987 mit einer Vorlesung über Beziehungen zwischen Mathematik und einigen geisteswissenschaftlichen Disziplinen gewagt. Das vorliegende Bändchen faßt zusammen, was ich vor – während – nach der Vorlesung gelernt habe.

Sowohl bei der Vorbereitung der Vorlesung als auch während der Arbeit am Manuskript haben mich Kollegen durch Anregungen und Hinweise unterstützt; besonderen Dank sage ich den Herren Artmann (Darmstadt), Essler (Frankfurt), Hardt (Duisburg), Kirsch (Kassel), Pfeifer (Hanau), Pickert (Gießen), Scriba (Hamburg), Weinrich (München), Wildgen (Bremen). Eine stets aufmerksame Leserin des Manuskripts – von der ersten bis zur letzten Fassung – war meine Frau; ihr danke ich für wertvolle Kritik und vielfache Ermunterung. Auch Frau Dengel sei nochmals herzlich gedankt für ihre ebenso geduldige wie sorgfältige Arbeit an der Reinschrift. Schließlich gilt mein Dank dem Verlag für sein Interesse am Manuskript und die Aufnahme in die traditionsreiche Vandenhoeck-Reihe.

Kaiserslautern am 1. 1. 1989
Knut Radbruch

I. Interdisziplinarität – ihr Problem und ihre Probleme

1. Einführung

„Die Situation unserer heutigen Universitäten zeigt deutlich, daß sie jeden Sinn für ihre universalistische Berufung verloren haben. Sie haben aufgehört, kulturelle Gemeinschaften zu sein, in denen sich die verschiedenen Erkenntnishorizonte begegnen. Vielmehr sind sie zu Zentralgefängnissen der Kultur mit Einzelzellen geworden ... niemand spricht mehr mit dem anderen ... Wissenschaft und Weisheit, die früher eine Einheit bildeten, sind so auseinandergewachsen, daß die Spezialisierung zu einer der wirksamsten Formen geistiger und moralischer Entfremdung geworden ist." [Internationales Jahrbuch für interdisziplinäre Forschung, Band I (1974), S. 137]. Das zur Hinführung und Einstimmung an den Anfang gestellte Zitat stammt von G. Gusdorf aus dem Jahre 1971. Auch heute, also fast zwei Jahrzehnte später, hat die darin gegebene Diagnose nichts von ihrer Aktualität eingebüßt. Der Vergleich mit den Zentralgefängnissen hat suggestive Kraft und ermuntert zur Ausgestaltung. Für die Mathematik bzw. für uns Mathematiker gilt also: wir sind Repräsentanten einer Disziplin, die wie jede Disziplin zu Einzelhaft verurteilt worden ist. Das Urteil scheint endgültig – Revision ausgeschlossen. Doch auch in Zentralgefängnissen gibt es den gemeinsamen Spaziergang im Hof. Hier bietet sich die Möglichkeit zu einem Gespräch mit einigen anderen Insassen. In unseren Universitäten wird dieses Gespräch gelegentlich beschworen oder auch in Resolutionen gefordert – wir wollen es in dieser Untersuchung in schlichter Form wirklich zu führen versuchen. Als Gesprächspartner sind vorgesehen: Sprache, Dichtung, Religion, Musik, Geschichte, Recht, Philosophie. Diese Auswahl aus dem Spektrum aller Wissenschaften ist durch Willkür und Methode zugleich bestimmt. Ganz bewußt wurden alle naturwissenschaftlichen und ingenieurwissenschaftlichen Disziplinen ausgeblendet. Die Beziehungen der Mathematik zu diesen Wissenschaften sind zwar keineswegs unproblematisch, doch sind sie nicht mit derselben Intensität verschüttet oder gar abgebrochen, wie dies im Hinblick auf zahlreiche Geistes- bzw. Kulturwissenschaften der Fall ist. Durch die unglückliche Trennung von Naturwissenschaften und Geisteswissenschaften hat übrigens die Mathematik in besonderem Maße gelitten. Unter den nicht-naturwissenschaftlichen Disziplinen wurden diejenigen für den Dialog mit der Mathematik gewählt, die möglichst vielfältige Beziehungen zur Mathematik versprachen. Dieser Aspekt der Wahl wiederum wurde durch ein zentrales Ziel unseres Vorhabens bestimmt: in der Vielfalt der Bezüge zu anderen Disziplinen soll einerseits das Wesen der Mathematik – im Idealfall: die Einheit – und andererseits das Gemeinsame bzw. Typische von Wissenschaft überhaupt in den Blick gebracht werden. In den Blick gebracht werden heißt hier: als Problem transparent gemacht werden. Eine Lösung dieses Problems – wenn es eine gibt – wird damit allerdings nur vorbereitet.

2. Begegnungen im Ursprung

Wir haben für den Dialog mit Mathematik ausgewählt: Sprache, Dichtung, Religion, Musik, Geschichte, Recht und Philosophie. Diese sieben Namen stehen für Disziplinen, die uns wohlvertraut sind; Erläuterungen oder gar Definitionen erübrigen sich. Dennoch darf nicht übersehen werden, daß diese Vertrautheit Konsequenz einer längerfristigen Stabilität in der Auffassung vom Wesen der Disziplinen ist. Dieser längeren Phase relativ konstanter Grundkonzeption sind aber auch Zeiten des Umbruchs und der Neuerung, also instabile Phasen vorangegangen. Fast alle beteiligten Disziplinen haben eine solche Neuerung in der klassischen Antike erfahren; dies gilt in besonderem Maße für die Mathematik selbst. Seither wurden sämtliche Wissenschaften natürlich weiterentwikkelt, doch besteht eigentlich kein Zweifel, daß die in der Antike herausgearbeitete neue Grundkonzeption auch heute noch Gültigkeit besitzt. Deshalb ist es als Einstieg in unsere Untersuchung angezeigt, nach Beispielen von Begegnungen der Mathematik mit den genannten Disziplinen im Ursprung abendländischer Wissenschaftsauffassung Ausschau zu halten. Einige dieser Beispiele werden in den nachfolgenden Kapiteln wieder aufgegriffen und dort dann ausführlicher behandelt.

a) Sprache und Mathematik

Die älteste wissenschaftstheoretische Ortsbestimmung sowohl von Mathematik als auch von Sprache verdanken wir Platon. Er unterscheidet sorgsam zwischen den Voraussetzungen und der Entfaltung einer Wissenschaft. Im Hinblick auf die Mathematik heißt es bei ihm: „Denn ich denke, du weißt, daß die, welche sich mit der Meßkunst und den Rechnungen und dergleichen abgeben, das Gerade und Ungerade und die Gestalten und die drei Arten der Winkel und was dem sonst verwandt ist in jeder Verfahrensart voraussetzend, nachdem sie dies als wissend zugrunde gelegt, keine Rechenschaft weiter darüber weder sich noch andern geben zu müssen glauben, als sei dies schon allen deutlich, sondern hiervon beginnend gleich das Weitere ausführen ..." [Politeia 510c/d]. Der Mathematiker entwickelt also Theorien, etwa in der Arithmetik oder in der Geometrie, indem er Voraussetzungen übernimmt, für deren Rechtfertigung er nicht aufkommen muß, die er eben einfach verwendet mit der Einstellung, „als sei dies schon allen deutlich". Wie steht es nun um die Voraussetzungen, durch die sich ja Wissenschaft überhaupt erst konstituiert? Wer ist für das „setzen", das ja der Entfaltung von Wissenschaft „voraus"gehen muß, verantwortlich? Diese Aufgabe weist Platon dem Dialektiker zu: „So verstehe denn auch, daß ich unter dem anderen Teil des Denkbaren dasjenige meine, was die Vernunft selbst ergreift, vermöge des dialektischen Vermögens, indem sie die Voraussetzungen nicht zu Anfängen, sondern wahrhaft zu Voraussetzungen macht, gleichsam als Zugang und Anlauf, damit sie, bis zum Nichtvoraussetzungshaften an den Anfang von allem gelangend, ... Ich verstehe, ..., daß du bestimmen willst, was vermittels der dialektischen Wissenschaft von dem Seienden und Denkbaren geschaut werde, sei deutlicher als was von den gewöhnlich so genannten Wissenschaften, denen die Voraussetzungen Anfänge sind." [Politeia 511b/c]. Der Mathematiker ist also bei Platon für die Entfaltung und Ausarbeitung zuständig, die Basis dazu wird ihm vom Dialektiker zur Verfügung gestellt. Natürlich müssen Mathematiker und Dialektiker ihre Aktivitäten koordinieren; darauf kommen wir in Kapitel VIII ausführlich zurück. Hier ist für uns zunächst nur wichtig, daß die Dialektik für die Konstitution von Mathematik verantwortlich ist. Denn in genauer Analogie ist die Dialektik auch für die Konstitution der Sprache zuständig; dies wird von Platon im Dialog Kratylos detailliert dargestellt. Dort führt der Dialektiker die Aufsicht über den Gesetzgeber, wenn dieser Worte einführt und damit eine unerläßliche Voraussetzung für Sprache bereitstellt. Wir erkennen also, daß in Platons System Mathematik und Sprache ihre Basis von ein und derselben Instanz, nämlich der Dialektik, zugewiesen bekommen.

b) Dichtung und Mathematik

Eine der ältesten und bislang ohne Frage noch immer eine der einfallsreichsten Komödien ist „Die Vögel" von Aristophanes. Zwischen Erde und Himmel wird eine neue Zwischenwelt errichtet: Wolkenkuckucksheim. Noch bevor die Bauarbeiten ganz beendet sind, erscheinen ungebetene Gäste von der Erde und bieten ihre Hilfe an. Neben einem heruntergekommenen Bettelpoeten, einem zwielichtigen Gesetzeverkäufer und einem Wahrsager erscheint auch – man beachte, in welcher Gesellschaft! – ein Geometer mit Zirkel und Lineal. Er schickt sich an, das neue Land zu vermessen und der Stadt ein geometrisches Raster aufzuprägen. Zwar stimmt der Wahrsager in den Tenor des Geometers ein: „Nun leg ich an das Lineal und bild ein Viereck aus dem Kreis", doch empfinden die Einheimischen den Geometer als Störenfried. Kaum hat der Mathematiker seine Arbeit begonnen, da wird er schon mit Schimpf und Prügel davongejagt.

c) Religion und Mathematik

„Was haben Religion und Mathematik miteinander zu tun? Für uns fast nichts, aber für die Pythagoreer sehr viel!" [v.d. Waerden 1977, S. 7]. Die Pythagoreer waren davon überzeugt, daß der Weltschöpfer die Welt nach einem geometrischen Muster entworfen und mittels Zahlen geordnet hat. Der Pythagoreer Philolaos sagt dazu: „Denn groß und vollkommen vollendet und alles bewirkend und göttlichen und himmlischen sowie menschlichen Lebens Anfang sowie Anteil nehmende Führerin ist die Kraft der Zahl ..." [Die Vorsokratiker I, S. 145]. Wer also Geometrie oder Zahlentheorie treibt, nähert sich damit auf geistigem Weg dem Schöpfer, dient also Gott. Somit war die Beschäftigung mit Mathematik für die Pythagoreer zugleich auch Gottesdienst. Über den pythagoreischen Philosophen und Mathematiker Hippasos wird berichtet, er sei bei einem Schiffsunglück ums Leben gekommen und von seinen Glaubensbrüdern sei dies als Strafe Gottes gedeutet worden. Hippasos hatte sich beim „Gottesdienst“ schlecht benommen; er hatte die Inkommensurabilität von Seite und Diagonale des regelmäßigen Fünfecks ausgeplaudert.

d) Musik und Mathematik

Symmetrie und Harmonie waren bei den Pythagoreern zentrale Leitbegriffe für die Deutung und Interpretation alles Seienden. In allen Bereichen suchten und fanden sie Symmetrien und Harmonien. Dabei spielten Mathematik und Musik eine besondere Rolle. In der Mathematik sahen die Pythagoreer die höchste Stufe der Harmonie realisiert; die nächst niedere Stufe der Harmonienhierarchie war mit der Musik besetzt. Beide Stufen haben die Pythagoreer in einer noch heute aktuellen Theorie verschmolzen; diese Harmonielehre, die wir im fünften Kapitel ausführlich behandeln, ist bis in die Gegenwart hinein fester Bestandteil der Musiktheorie geblieben.

e) Geschichte und Mathematik

„Daß nun die Geschichte einerseits und die Naturwissenschaften und die Mathematik andererseits, so seltsam dies auch erscheinen mag, bei den Griechen einen gemeinsamen Ursprung haben, läßt sich auf mehrfache Weise zeigen.“ [v. Fritz 1952, S. 201]. Durch eine Bedeutungsanalyse der Worte „historia“ und „mathema“ eröffnet sich die Möglichkeit, einen gemeinsamen Ursprung von Geschichte und Mathematik in der klassischen Antike aufzuspüren. Zunächst sei in Erinnerung gerufen, daß in der klassischen Antike auf verschiedenen Gebieten völlig neue Formen des Wissens auf den Weg gebracht wurden. Diese neuen Wissensarten und Erkenntnisweisen kamen für die griechische Sprache unvorbereitet; so ergaben sich Schwierigkeiten mit der begrifflichen Fixierung, den verschiedenen Wissensformen mußten neue Wörter adäquat zugeordnet werden. Diese Zuordnung wurde nun in der Regel durch die Art und Weise der Betrachtung festgelegt und nicht im Hinblick auf den Inhalt. So haben auch „historia“ und „mathema“ nicht von Anfang an das bezeichnet, was später Geschichte und Mathematik genannt wurde; beide Begriffe standen zunächst für ganz bestimmte Formen des Wissens. So bedeutete „historia“ ursprünglich ein Wissen, welches durch „in Augenschein nehmen“ gewonnen wurde oder durch Befragung eines Augenzeugen. Dafür eigneten sich nun sowohl geschichtliche Ereignisse als auch geometrische Gesetzmäßigkeiten, die man als Symmetrie oder Harmonie durch direktes Schauen erkannte. So soll bei den Pythagoreern die Geometrie zeitweise zur „historia“ gehört haben.

„mathema“ bedeutete bei den Griechen ein Wissen, das lehrbar bzw. auch „ohne Rest übertragbar“ ist. Hierzu eigneten sich insbesondere geschichtliche Fakten sowie allgemeingültige Gesetzmäßigkeiten der Mathematik. Die Vorläufer der heutigen Worte Historie (Geschichte) und Mathematik hatten also in der Antike noch nicht die Disziplinen trennende Wirkung und Bedeutung; beide wurden für Formen des Wissens mit sowohl geschichtlichem als auch mathematischem Inhalt verwendet.

f) Recht und Mathematik

Im fünften Band seiner Nikomachischen Ethik analysiert Aristoteles die Begriffe Gerechtigkeit und Ungerechtigkeit: „Es steht fest, daß der Ungerechte die Gleichheit verletzt und daß die ungerechte Tat Ungleichheit bedeutet. Somit ist klar, daß es auch ein Mittleres zwischen (den Extremen) der Ungleichheit gibt. Das ist das Gleiche. .... Wenn nun das Ungerechte Ungleichheit bedeutet, so bedeutet das Gerechte Gleichheit.“ [Nikomachische Ethik, 1131a].

Gerechtigkeit ist also Gleichheit und die Gleichheit wiederum wird als ein Mittleres realisiert. Diese Realisierung des Mittleren, also die Mittelbildung, erläutert Aristoteles nun mit mathematischen Begriffen und Denkformen: die aus der Proportionenlehre bekannten Mittelbildungen dienen ihm als Hilfsmittel für seine Theorie der Gerechtigkeit.

g) Philosophie und Mathematik

„den heutigen Philosophen ist die Mathematik zur Philosophie geworden, obgleich sie behaupten, sie müsse um anderer Dinge willen betrieben werden.“ [Metaphysik 992a]. Diesen Vorwurf erhebt Aristoteles innerhalb seiner Platon-Kritik. Mit dem Zitat soll an die engen Beziehungen von Mathematik und Philosophie im Denken der klassischen Antike erinnert werden; es wird aber zugleich deutlich, daß diese Beziehungen schon damals durchaus kontrovers gesehen wurden. Aristoteles hat seine eigene Ansicht über das Verhältnis von Mathematik und Philosophie im Zusammenhang mit der Frage nach dem Seienden erläutert. Für ihn kann die Mathematik zwar einen Beitrag leisten zur Erhellung des Seienden: „... daß aber einige mathematischen Dinge das Seiende betrachten, insofern es unbeweglich und insofern es abgetrennt ist, ist klar.“ Jedoch: „Wenn es aber Ewiges, Unbewegliches und Abgetrenntes gibt, so ist offenbar dessen Erkenntnis Sache einer betrachtenden Wissenschaft; allerdings nicht der Naturwissenschaft ... aber auch nicht der Mathematik, sondern vielmehr einer Wissenschaft, die beiden vorausgeht.“ Nach Aristoteles ist der Mathematik in dieser Hinsicht die Philosophie übergeordnet bzw. vorgeordnet: „Wenn es aber ein unbewegtes Wesen gibt, so ist wohl dies das frühere und die Philosophie die erste und allgemein, weil sie die erste ist. Und es dürfte wohl ihre Aufgabe sein, das Seiende zu betrachten, insofern es ein Seiendes ist ...“ [Metaphysik 1026a].

3. Wissenschaft in Antike und Gegenwart

Wir wollen in diesem Abschnitt den folgenden Unterschied herausarbeiten:

> Wissenschaft in der Antike ist vom Ansatz her
> in einer Einheit der Wissenschaften gegründet.
> Wissenschaft in der Gegenwart ist vom Ansatz her
> auf Interdisziplinarität angewiesen.

Auf Parmenides geht die in der Antike gewonnene Einsicht zurück, daß es Wahrheit nur im Bereich des unwandelbaren Seins gibt. Wissenschaft strebt nach Wahrheit; folglich ist Wissenschaft auf das unveränderlich Seiende gerichtet. Aus diesem Grund ist die Wissenschaft in der Antike ontologisch konzipiert; eine Unterteilung der Wissenschaften wird nach ihren Gegenständen vorgenommen und führt dann etwa bei Aristoteles zu Lehrbüchern der Zoologie, Botanik, Poetik, Psychologie, Rhetorik usw.

Nach Aristoteles hat jede Wissenschaft in bezug auf ihren Gegenstand eine eigene Methode zu entwickeln. Dies wird in der zweiten Analytik ausführlich dargestellt; die darin erarbeitete Theorie heißt heute aristotelische Prinzipienlehre. Allgemeine Grundprinzipien dieser Lehre sind:

(i) Der Primat des Gegenstands gegenüber der Methode.

(ii) Jede Wissenschaft ist an Voraussetzungen gebunden.
(iii) Wissenschaft ist apodiktisch.

Die Einheit der Wissenschaften ist bei dieser Auffassung gegeben durch die ontologische Ausrichtung und die Forderung, das unwandelbare Sein so zu beschreiben, wie es wirklich ist.

Diese Definition von Wissenschaft ist bis ins 16. Jahrhundert hinein fast unverändert akzeptiert worden. Die danach einsetzende Wandlung von Wissenschaft illustrieren wir an einem Beispiel. Aristoteles hatte gelehrt: schwere Körper fallen schnell, leichte Körper fallen langsam, ganz leichte Körper steigen sogar nach oben. Dies entsprach vollkommen der Erfahrung, genügte also der Wissenschaftsmaxime, die Welt so zu beschreiben, wie sie wirklich ist. Galilei nun lehrte, daß alle Körper gleich schnell fallen. Dies entsprach nicht der Erfahrung. Allerdings hatte Galilei seine Aussage auch nur für im Vakuum fallende Körper ausgesprochen und damit an Voraussetzungen gebunden, die in der Wirklichkeit niemals in absoluter Vollkommenheit realisiert werden können. Aber Galilei ging von einer neuen Wissenschaftsmaxime aus; nicht eine Beschreibung der Welt, wie sie wirklich ist, war sein Ziel, sondern ihm schwebte eine Beschreibung der Welt durch strukturell einfache und insbesondere mathematisch handliche Bestimmungsstücke vor. Denn, so lehrte er, das Buch der Natur ist in mathematischen Lettern geschrieben. Abweichungen der realen Erfahrung von den schlichten und einfachen mathematischen Gesetzmäßigkeiten ließen sich in ebenso einfacher Weise als Konsequenz von Störeinflüssen deuten.

Diesem ersten entscheidenden Schritt durch Galilei in eine neue Wissenschaftsauffassung ließ Kant dann den zweiten entscheidenden Schritt folgen: das Buch der Natur, welches in mathematischen Lettern geschrieben ist, müssen wir – bevor wir es lesen – erst selbst schreiben. In der Kritik der reinen Vernunft sagt Kant über Galilei und die anderen Naturforscher: „Sie begriffen, daß die Vernunft nur das einsieht, was sie selbst nach ihrem Entwurfe hervorbringt, daß sie mit Prinzipien ihrer Urteile nach beständigen Gesetzen vorangehen und die Natur nötigen müsse, auf ihre Fragen zu antworten, nicht aber sich von ihr allein gleichsam am Leitbande gängeln lassen müsse; denn sonst hängen zufällige, nach keinem vorher entworfenen Plane gemachte Beobachtungen gar nicht in einem notwendigen Gesetze zusammen, welches doch die Vernunft sucht und bedarf." [B XIII].

Dies ist die sogenannte Kopernikanische Wende der Denkart, mit der Kant auch eine völlige Neuorientierung von Wissenschaft verband. Fragten die Wissenschaften seit der Antike nach den Gegenständen der Erkenntnis, so fragte Wissenschaft von jetzt an nach der Erkenntnis der Gegenstände. Aus den ontologisch ausgerichteten Wissenschaften wurden gnoseologisch orientierte Disziplinen. Konsequenterweise konnten die Einzelwissenschaften nun nicht mehr durch einen Ausschnitt des Seins, also durch ihren Gegenstandsbereich fixiert werden, sondern Spontaneität und intellektuelle Produktivkraft der menschlichen Vernunft waren aufgerufen, via Erkenntnisvermögen Wissenschaften kreativ auf den Weg zu bringen. Dies führte dann rasch und zwangsweise zu einem Wissenschaftspluralismus oder auch Disziplinen-Etablissement.

Bei dieser Auffassung – die sich bis heute erhalten hat – kann die Einheit der Wissenschaften, wenn überhaupt, nur nachträglich per Interdisziplinarität wieder hereingeholt werden. In diesem Sinne ist also die Wissenschaft der Gegenwart auf Interdisziplinarität angewiesen. Das soll im nachfolgenden Abschnitt genauer ausgeführt werden.

4. Interdisziplinarität: Anlässe und Gestaltungsvorschläge

Wir wollen einige Anlässe nennen, die interdisziplinäre Bemühungen in unserer Zeit notwendig erscheinen lassen und daran anschließend, ohne Anspruch auf Vollständigkeit, einige Gestaltungsvorschläge für interdisziplinäres Vorgehen skizzieren.

Ein erster Anlaß ist durch den für die Gegenwart charakteristischen Wissenschaftspluralismus gegeben. Die Gründe für diesen Pluralismus der Wissenschaften haben wir im vorigen Abschnitt aufgezeigt. Weitere neue Wissenschaften werden sich in der Zukunft konstituieren; die zunehmende Spezialisierung und Differenzierung der Wissenschaften ist offensichtlich unaufhaltsam. Soll dabei das Bewußtsein nicht verlorengehen, worin Ursprünge und Ziele von Wissenschaften liegen können und welche Chancen und Gefahren mit Wissenschaft überhaupt geschaffen werden, so müssen die Einzelwissenschaften das Gespräch untereinander suchen.

Weiter gibt es Erkenntnisaspekte, die ohne Frage Anlaß für eine eigenständige Wissenschaft sein könnten, die aber den Absprung hierzu wohl endgültig verpaßt haben. Dies trifft zum Beispiel sowohl für Symmetrie als auch für Morphologie zu. Zahlreiche etablierte Wissenschaften verwenden Prinzipien und Resultate der beiden genannten „Nicht-Wissenschaften"; umgekehrt werden aus den verschiedensten Wissenschaften ständig neue Erkenntnisse über Symmetrie und Gestalt eingebracht. Aber Symmetrie und Morphologie sind nicht selbst institutionalisierte Wissenschaften; ihre Problemfelder können deshalb vorläufig nur durch interdisziplinäre Anstrengungen bearbeitet werden.

Wissenschaft ist vielfach auf Praxis bezogen; aus der Praxis ergeben sich neue Aufgaben für Wissenschaft. Aber eminent wichtige neue Aufgaben aus der Praxis halten sich oft nicht an das Etablissement der Disziplinen, erscheinen vielmehr un-diszipliniert. Ein ebenso drängendes wie ungelöstes Problem dieser Art ist durch das Stichwort Konfliktforschung gekennzeichnet. Die entscheidenden und bedrohenden Konflikte sind in extremer Weise undiszipliniert, so daß sich der Kanon der Disziplinen recht ratlos zeigt. Nur interdisziplinäre Bemühungen bieten hier eine Chance zu Lösungswegen.

Wir haben bislang auf die Vielfalt der Wissenschaften und auf die Komplexität der an die Wissenschaften herangetragenen Probleme hingewiesen. Jede einzelne Wissenschaft sieht sich dabei mit einer Vielfalt von einander teilweise widersprechenden Erwartungen und Aufgaben konfrontiert. Insbesondere entwickelt sich jede Einzelwissenschaft – und also auch die Mathematik – keineswegs nur nach eigenen Vorstellungen, selbstgewählten Motivationen, inneren Strukturgesetzen; die Entwicklung von Wissenschaft wird vielmehr in mannigfacher Weise durch fremdbestimmte Faktoren beeinflußt. Durch diese Einbindung in ein Geflecht von Zwängen und Mächten wird es für die einzelne Wissenschaft zunehmend schwieriger, sich ein angemessenes und fruchtbares Selbstverständnis zu erarbeiten. Dieses Selbstverständnis kann in der heutigen Zeit konsequenterweise nicht von den einzelnen Disziplinen unabhängig voneinander entwickelt werden, hier ist ein Gedankenaustausch mit anderen Wissenschaften, also ein interdisziplinäres Gespräch, unerläßlicher Bestandteil der eigenen Ortsbestimmung.

Wir haben erkannt, daß es nicht nur einen einzigen Anlaß für

Interdisziplinarität gibt, sondern daß ein ganzes Spektrum von Gründen interdisziplinäre Bemühungen dringend notwendig erscheinen läßt. Es kommt somit nicht überraschend, daß es alternative Vorschläge für interdisziplinäre Aktivitäten gibt. Wir nennen zunächst mit der Infradisziplinarität einen von Lorenzen entworfenen und in großen Teilen bereits ausgearbeiteten Gestaltungsvorschlag. Dabei soll ein möglichst umfassendes, gemeinsames Fundament für eine Vielzahl von Wissenschaften bereitgestellt werden, etwa für Logik, Ethik, Mathematik, Naturwissenschaften, Geschichtswissenschaft und Sozialwissenschaften. Die Inhalte der gemeinsamen Basis umfassen logische Propädeutik, eine gemeinsame Sprache, Untersuchungen über Wahrheit und Wirklichkeit. Dieses groß angelegte und in Teilen ausgearbeitete Konzept ist ohne Frage von beachtlicher theoretischer Faszination. Dennoch scheint Skepsis berechtigt zu sein, ob die Zielsetzung realistisch ist. Die Gefahr ist allzu groß, daß sich diese Infradisziplinarität als neue Disziplin etabliert und ihr ursprüngliches Ziel verfehlt.

Einen ganz anderen Ansatz hat Mittelstraß in die Diskussion gebracht. Hier soll nicht mit einer gemeinsamen Basis ein universeller Unterbau der Wissenschaften geschaffen werden wie in der Infradisziplinarität, sondern als Transdisziplinarität wird eine Synopse aller Wissenschaften angestrebt. Durch eine Besinnung auf gemeinsame Gehalte und Strukturen soll in Form einer Überschau oder Integration eine neue Art von Einheit aller Wissenschaften erarbeitet werden. Für die Ausgestaltung dieses Vorhabens gibt es zwar eine Anzahl konkreter Vorschläge, doch liegen greifbare und verwertbare Ergebnisse noch nicht vor; Transdisziplinarität steht vorläufig nur als detailliertes Programm zur Verfügung.

In unserer Untersuchung gehen wir weder den Weg der Infradisziplinarität noch greifen wir den Ansatz der Transdisziplinarität auf. Wir verfolgen auch nicht so hochgesteckte Ziele wie eine gemeinsame Basis oder eine umfassende Synopse. Es soll hier die Mathematik unter dem Leitbegriff der Interdependenz mit einigen dafür besonders geeigneten Wissenschaften zusammengeführt werden. Was wird dabei unter Interdependenz verstanden?

Ein Charakteristikum jeder Erkenntnis besteht darin, daß Beziehungen hergestellt und Relationen aufgespürt oder auch gestiftet werden; neue Beobachtungen müssen in größere Zusammenhänge eingeordnet werden. Das Einzelne in der absoluten, totalen Vereinzelung ist nicht Gegenstand wissenschaftlichen Bemühens, kann nicht in beziehungsloser Isolation verstanden werden. So ist etwa die Zahl 5 – unabhängig von den anderen Zahlen – nicht Objekt der Mathematik. Aber als Bestandteil der natürlichen Zahlen ist die Zahl 5 Ausgangspunkt für eine Fülle relationaler Bezüge: 5 ist größer als 2, 5 ist Teiler von 120, 5 ist Primzahl usw..

Der Bereich $\mathbb{N}$ der natürlichen Zahlen ermöglicht zwar vielfältige mathematische Aktivitäten – Teilbarkeit, Anordnung, Addition, Multiplikation usw. – doch zeigen sich im Hinblick auf all diese Aktivitäten Grenzen. Eine neue Ebene des Verständnisses wird durch die Einbettung der natürlichen Zahlen in die ganzen Zahlen erreicht. Die Lage von $\mathbb{N}$ innerhalb $\mathbb{Z}$ eröffnet Einsichten auch über den zuvor schon vertrauten Bereich $\mathbb{N}$, die innerhalb der Grenzen von $\mathbb{N}$ weder gesehen noch formuliert werden können.

Die Zahlen insgesamt gewinnen ihren Ort in der Mathematik erst durch Bezüge und Querverbindungen zu anderen mathematischen Teildisziplinen wie Algebra, Geometrie, Kombinatorik usw.. Nur durch den Blick über Grenzen, das Aufspüren von Beziehungen zu anderen Bereichen, die Einordnung in größere Zusammenhänge konstituiert und entfaltet sich Mathematik.

Kurz: jedes Atom oder Molekül einer Wissenschaft ist erst Bedeutungsträger von Wissenschaft, wenn es in Relation zu anderen Atomen, Molekülen, Atomanordnungen, Molekülsystemen gesehen wird. Diese wechselseitige Abhängigkeit bezeichnen wir als Interdependenz. Sie ist nach unserer Auffassung eine der Bedingungen für Möglichkeit von Wissenschaft.

Wir haben den Begriff Interdependenz eingeführt durch exemplarische Betrachtung von Mathematik als einer einzelnen Wissenschaft. Nun wiederholen wir das Gedankenexperiment. Mathematik ist als Disziplin durch isolierte Betrachtung, durch Ausblendung aller anderen Disziplinen, also in disziplinärer Vereinzelung nicht begreifbar. Nur in Relation zu anderen Disziplinen kann für die Mathematik ein adäquates Selbstverständnis und Selbstverhältnis gewonnen werden. Mathematik ist so – wie jede andere Wissenschaft – nur im Erfahrungsaustausch mit weiteren Wissenschaften in ihrer typischen, spezifischen Eigenart als Wissenschaft verstehbar. Nur durch Interdependenz läßt sich erhellen, was eine Wissenschaft kennzeichnet und auszeichnet.

Im Hinblick auf diesen Leitbegriff der Interdependenz haben wir unter den Geisteswissenschaften diejenigen Disziplinen als Partner für die Mathematik ausgewählt, die besonders vielfältige und anregende Beziehungen versprechen und dadurch das Selbstverständnis der Mathematik in besonderem Maße fördern können: Sprache, Dichtung, Religion, Musik, Geschichte, Recht und Philosophie.

II. Sprache und Mathematik

1. Einführung

Es ist keineswegs überraschend, daß vielfältige Interdependenz zwischen Sprache und Mathematik besteht. Zunächst einmal kann sich Mathematik – wie jede andere Wissenschaft auch – nur im Medium der Sprache konstituieren, bewahren und weiterentwickeln. Das mehr philosophische Problem einer möglichen Hintergehbarkeit der Sprache verfolgen wir hier ganz bewußt nicht. Diese Abhängigkeit der Mathematik vom Trägermedium Sprache illustrieren wir an den Ursprüngen abendländischer Mathematik in der klassischen Antike.

In allen Wissenschaften sind in unserem Jahrhundert Methoden der Formalisierung erprobt worden. Die entsprechenden Bemühungen in der Mathematik und in der Sprachwissenschaft zeigen sowohl auffällige Gemeinsamkeiten als auch signifikante Unterschiede. Mit einer vergleichenden Skizze von Grammatik der Mathematik und Grammatik der Sprache sollen Möglichkeiten und Grenzen der Formalisierung in diesen beiden Disziplinen angedeutet werden.

Bei der Suche nach weiteren Beziehungen zwischen Sprache und Mathematik liegt es nahe, sowohl mathematische Methoden in der Sprachwissenschaft als auch sprachwissenschaftliche Methoden in der Mathematik aufzuspüren. Dieses ganz bewußt symmetrisch formulierte Aufgaben-Paar führt uns allerdings zu einer bedauerlichen Asymmetrie: es gibt zahlreiche Ansätze, mit mathematischen Methoden Einblick in Sprachaufbau und Sprachverhalten zu gewinnen; es gibt jedoch kaum Bemühungen, mit Hilfe sprachwissenschaftlicher Argumente neue Einsichten in der Mathematik oder über die Mathematik zu erarbeiten. Bei der Präsentation mathematischer Methoden mußten wir somit eine Auswahl treffen: wir haben die dynamischen Methoden in der Sprachwissenschaft gewählt. Linguistische Methoden mit Blick auf Mathematik liegen bislang nur im Bereich der Zahlen bzw. Zahlwörter vor, so daß hier keinerlei Wahlmöglichkeit gegeben war.

Auch heute verständigen sich Mathematiker per Sprache; der gemeinsame Umgang mit einer speziellen Wissenschaft prägt wiederum das Sprachverhalten der Gemeinschaft dieser Wissenschaftler. So ergeben sich Beziehungen zwischen der Umgangssprache (etwa deutsche Sprache) und der Fachsprache (etwa Sprache der Mathematiker). Diesen Fragen wenden wir uns im letzten Abschnitt zu.

2. Sprachliche Bedingungen für die Möglichkeit von Mathematik

Mathematik hat es auch schon in vorgriechischer Zeit gegeben. Durch Entzifferung und Analyse von Keilschrifttexten wissen wir heute sowohl von einer hochentwickelten babylonischen als auch von einer sehr vielseitigen ägyptischen Mathematik. Aber in beiden Kulturen wurden ausschließlich konkrete Aufgaben direkt gelöst; dabei hat man zwischen exakten und approximativen Lösungen meist nicht unterschieden. Insbesondere fehlt jeder auch nur vorsichtige Versuch, einen Beweis zu führen. Mathematik als Wissenschaft im heutigen Sinne hat ihren Ursprung in der klassischen Antike. Kant schreibt darüber in der Vorrede zur zweiten Auflage seiner Kritik der reinen Vernunft [B XI]: „Die Mathematik ist von den frühesten Zeiten her, wohin die Geschichte der menschlichen Vernunft reicht, in dem bewundernswürdigen Volke der Griechen den sichern Weg einer Wissenschaft gegangen. Allein man darf nicht denken, daß es ihr so leicht geworden, wie der Logik, wo die Vernunft es nur mit sich selbst zu tun hat, jenen königlichen Weg zu treffen, oder vielmehr sich selbst zu bahnen; vielmehr glaube ich, daß es lange mit ihr (vornehmlich noch unter den Ägyptern) beim Herumtappen geblieben ist ...“.

Leicht ist es ganz sicher nicht gewesen, Wissenschaft als Denkform und Lebensform neu zu entwickeln. Wir wollen hier insbesondere die sprachlichen Bedingungen für die Möglichkeit von Mathematik als Wissenschaft nachzeichnen; diese Überlegungen gehen im wesentlichen auf Snell zurück. Einige Zeilen von Homer stehen am Anfang. Im siebten Gesang der Ilias lauten die Zeilen 446/447:

> „Vater Zeus, ist irgendein Mensch der unendlichen Erde,
> Der zu den Himmlischen noch mit Herz und Sinne sich wende?“

Aus der Odyssee zitieren wir die Zeilen 505–510 des vierten Gesangs:

„Aber Poseidon vernahm die stolzen Worte
des Prahlers
Und ergriff mit der nervichten Faust
den gewaltigen Dreizack,
Schlug den gyraiischen Fels, und er spaltete schnell
voneinander.
Eine der Trümmern blieb, die andre stürzt'
in die Fluten,
Wo der Achaier saß und die Gotteslästerung ausstieß;
Und er versank ins unendliche hochaufwogende
Weltmeer."

Diese Zeilen stammen etwa aus dem 8. Jahrhundert v. Chr.
Um 550 v. Chr. lebte Anaximander, Schüler von Thales. In den Fragmenten der Vorsokratiker lesen wir [Die Vorsokratiker I, S. 71/73]:

„Anaximander, des Praxiades Sohn, aus Milet,
Nachfolger und Schüler des Thales, behauptete,
Anfang und Element der seienden Dinge
sei das Unbeschränkte ..."

„Anaximander aus Milet sagt, der Ursprung
[oder: Anfang] der seienden Dinge sei das Unbegrenzte.
Denn aus diesem entstehe alles und
zu diesem vergehe alles."

Bei Homer ist von unendlicher Erde und unendlichem Meer die Rede; Anaximander nennt das Unbeschränkte und das Unbegrenzte als Ursprung. Der entscheidende Schritt ist die Substantivierung.

Vorher betrachtete man Eigenschaften, die gewissen Objekten oder Prozessen zukamen: unendlich, unbegrenzt, unbeschränkt. Jetzt hat man zugleich ein neues Wort und einen neuen Begriff: das Unbeschränkte, das Unbegrenzte.

Ganz analog hat sich der Zahlbegriff herausgebildet. Vorher hat man gezählt und verglichen: drei Schafe, sieben Ziegen, mehr Ziegen als Schafe, ebensoviel Sklaven wie Herren.

Jetzt hat man die Zahl und operiert mit ihr: Fünf, Sieben, Fünf ist kleiner als Sieben, Fünf zu Zwei addiert ergibt Sieben.

Wiederum analog vollzieht sich der Wandel in der Geometrie: aus geraden Wegen, geraden Kanälen wird die Gerade neu konzipiert. Schon immer hatte man gemessen und verglichen; jetzt wird die Länge als neuer Begriff und neues Wort geprägt.

Aus Eigenschaften und Möglichkeiten werden simultan neue Begriffe und Wörter geschaffen. Dieser Vorgang hat sich keinesfalls nur im Bereich der Mathematik abgespielt. Aus mutigen Kriegern entstand der Mut, aus guten Werken wurde das Gute, tapfere Helden gaben Anlaß für Tapferkeit.

Dabei waren die Substantive als neue Sprachschöpfungen zunächst wirklich nur Umschreibungen:

Das Gute	stand für	in jeder Hinsicht gut.
Das Unendliche	stand für	wirklich unendlich.
Die Gerade	stand für	vollkommen gerade.

Doch schon sehr bald bekamen das Gute, das Unendliche, die Gerade usw. ein Eigenleben, wurden selbst Gegenstand der Betrachtung und Erläuterung. Man sagt: Die Griechen haben das Allgemeine entdeckt. Und genau dies Allgemeine konstituiert den Gegenstandsbereich der Mathematik: Zahlen, Proportionen, Kreise, Dreiecke, Quader usw..

Diese simultane Sprach- und Begriffsschöpfung – also Entdekkung des Allgemeinen bzw. Abstrakten – hätte sich in einer Sprache ohne Artikel nicht entfalten können. Die Tatsache, daß die griechische Sprache die Möglichkeit der Substantivierung schon in vorwissenschaftlicher Zeit enthielt, war eine notwendige Bedingung für die Möglichkeit von Mathematik und anderen Wissenschaften. Ein Geheimnis bleibt natürlich, weshalb diese Möglichkeit auch wirklich genutzt wurde.

Schon recht bald nach Schaffung der neuen abstrakten Begriffe stellte sich die Frage nach ihrem ontologischen Status. So fragte man, für welche Objekte von Dreiecken denn nun die Winkelsumme gleich zwei Rechten sei. Für alle konkreten Dreiecke – im Sand, auf der Wiese, an Mauern – galt die Aussage ja nur ungefähr. Eine erste befriedigende Antwort auf diese Frage ist in Platons Philosophie enthalten. Wir kommen darauf im achten Kapitel ausführlich zurück.

In der klassischen Antike wurden nicht nur die Objekte der Mathematik – Zahlen, Figuren usw. – geschaffen, sondern es wurde darüber hinaus die apodiktische Komponente von Wissenschaft begründet. Insbesondere entdeckte man, daß sich über die neuen Objekte durch logische Folgerung wahre Aussagen gewinnen lassen. Diese Entdeckung der logischen Verknüpfung kam nun auch für die griechische Sprache überraschend. Es stand gar kein passendes Wort bereit für das logisch argumentative Schließen. Dieser Mangel besteht sogar in unseren Sprachen heute noch; wir behelfen uns mit temporalen oder räumlichen Verknüpfungswörtern: da, denn, daher, deshalb, durch. Recht suggestiv hat v. d. Waerden diesen Sprachmangel beschrieben: „Unsere Kultursprachen haben ursprünglich kein Wort gehabt, das die logische Folgerung ausdrückt. Als man systematisch zu denken anfing, hat man das Bedürfnis nach solchen Worten empfunden und hat dann allerlei Ausdrücke an den Haaren herbeigeschleppt, die eigentlich Gleichzeitigkeit, räumliches Zusammenfallen, räumliche Herkunft, Zweck oder Ähnlichkeit bedeuten." [v.d. Waerden 1954, S. 168].

3. Grammatik der Mathematik – Grammatik der Sprache

„In den abstrakten Teilen der Wissenschaft macht sich immer aufs neue der Mangel eines Mittels fühlbar, Mißverständnisse bei anderen und zugleich Fehler im eigenen Denken zu vermeiden. Beide haben ihre Ursache in der Unvollkommenheit der Sprache." Mit dieser programmatischen Aussage beginnt Frege (1848–1925) seinen Aufsatz „Über die wissenschaftliche Berechtigung einer Begriffsschrift", der im Jahr 1882 in der Zeitschrift für Philosophie und philosophische Kritik erschien. Frege bezieht sich dabei auf seine drei Jahre zuvor erschienene „Begriffsschrift, eine der arithmetischen nachgebildete Formelsprache des reinen Denkens."

Das Anliegen von Frege wird bereits aus diesen wenigen Zitaten deutlich. Die sprachliche Verständigung zwischen Wissenschaftlern soll in der Weise verbessert werden, daß sich bei der Fixierung und Übertragung von Wissenschaft im Medium der Sprache keine Fehler einschleichen. Dabei schwebt Frege vor, eine an Arithmetik orientierte allgemeine Formelsprache zu entwickeln, die nicht nur für Arithmetik, sondern für die gesamte Mathematik sowie Naturwissenschaft, Sprachwissenschaft und Philosophie geeignet ist.

Erst nach einer längeren Inkubationszeit wurden die Impulse

Freges aufgegriffen und in größerem Umfang realisiert. In den Jahren 1910 und 1913 erschienen die „Principia Mathematica“ von Russell und Whitehead; damit war die Ära logischer Begründungen und logischer Präsentation von Mathematik endgültig etabliert. Im Jahr 1916 veröffentlichte de Saussure seinen „Cours de Linguistique générale“; mit diesem Werk beginnt die strukturalistische Phase der Sprachwissenschaft. Heute gehört in fast allen Wissenschaften eine formale Analyse des sprachlichen Verständigungsprozesses zu den unverzichtbaren Bemühungen um die Grundlage der entsprechenden Disziplin.

In der Mathematik wurde die von Frege angeregte Formalisierung nicht nur zur Verbesserung der Präzision in der Mitteilung von Wissenschaft verwendet, sondern mit der mathematischen Logik gewann die Formalisierung ein Eigenleben als eine eigenständige mathematische Teildisziplin. An dieser mathematischen Logik haben sich seither viele Wissenschaften bei der Suche nach einer Formalisierung orientiert. Dies gilt insbesondere für die Sprachwissenschaft. Durch eine vergleichende Analyse des formalen Aufbaus dieser beiden Bereiche sollen im folgenden Gemeinsamkeiten und Unterschiede transparent gemacht und damit zum Verständnis der Formalisierung genutzt werden.

Wir betrachten zunächst je einen Satz aus der Sprache der Gruppentheorie und aus der deutschen Sprache:

$\forall x\, x \cdot x = 1 \;\rightarrow\; \forall x \forall y\, x \cdot y = y \cdot x$
Mathematiker sind bessere Menschen

Der erste Satz ist eine logische Folgerung aus den Gruppenaxiomen. Darüber hinaus läßt er sich folgendermaßen deuten: jede Gruppe vom Exponenten zwei ist abelsch. Ob der zweite Satz aus irgendwelchen Annahmen folgt und was er gegebenenfalls bedeutet, ist hier nicht von Interesse. Uns interessiert vielmehr das Resultat einer jeweils kleinen Umstellung:

$\forall x\, x \cdot x = 1 \;\rightarrow\; x \cdot y = y \cdot x\, \forall x \forall y$
Mathematiker sind Menschen bessere

Die erste Zeile ist jetzt überhaupt kein Objekt mehr für mathematische Betrachtung, die zweite Zeile ist kein korrekter Satz der deutschen Sprache. Beide Zeilen können nämlich nicht als Satz im Rahmen der jeweils zugrundeliegenden Grammatik gebildet werden.

Dieses Doppelbeispiel zeigt, wie sensibel beide Sprachen sind; die Grammatik muß peinlich genau beachtet werden.

Jenes Teilgebiet der Grammatik, in dem die formale Struktur korrekter Sätze analysiert wird, heißt Syntax. Wir wollen Gemeinsamkeiten und Unterschiede der Syntax herausarbeiten für die deutsche Sprache und für die Sprache der Mathematik. Dazu orientieren wir uns zunächst an der Mathematik.

Hier geht man aus von einem Alphabet; es besteht aus mehreren Sorten von Buchstaben, zum Beispiel

Variablen:	$x, y, z, x_1, x_2, x_3, \ldots$
Junktoren:	$\neg$ (nicht), $\wedge$ (und), $\vee$ (oder),
	$\rightarrow$ (wenn ... dann), $\leftrightarrow$ (genau dann ... wenn)
Quantoren:	$\forall$ (für alle), $\exists$ (es gibt)
Gleichheit:	$=$
Klammern:	), (
Relationen:	$<$, $\mid$
Funktionen:	$+$, $\cdot$
Konstanten:	0, 1.

Nun folgt die Definition zunächst von Termen und dann von Formeln; gewisse Formeln heißen Sätze und ihnen gilt die besondere Aufmerksamkeit der Mathematiker.

Die Grundbegriffe Term, Formel, Satz werden – dies ist die zentrale Idee! – rekursiv eingeführt. Die Definition besteht also in der Angabe von Produktionsvorschriften bzw. Herstellungsregeln sowie der Festsetzung: Terme bzw. Formeln bzw. Sätze sind genau diejenigen Buchstabenkombinationen, die sich durch endlichmalige Anwendung der Herstellungsregeln erzeugen lassen. Man sagt: Terme, Formeln und Sätze werden durch einen Kalkül eingeführt. Wir beschreiben hier nicht den vollen Kalkül, sondern nennen nur charakteristische Beispiele.

(i) Terme

Basisregeln:	1. Jede Variable ist ein Term. 2. Jede Konstante ist ein Term.
Kombinationsregeln:	1. Sind t_1 und t_2 Terme, so ist auch $t_1 + t_2$ ein Term. 2. Sind t_1 und t_2 Terme, so ist auch $t_1 \cdot t_2$ ein Term.

Beispiele von Termen: x_3; 0; $x_1 + x_2$; $x_3 \cdot (x_4 + x_5)$; $(x_1 + 0) \cdot (x_2 + 1)$.

Kein Term ist z. B. $\forall x\, x = x^{-1}$, da sich dies nicht mit Hilfe der genannten Regeln erzeugen läßt.

(ii) Formeln

Basisregeln:

1. Sind t_1 und t_2 Terme, so ist $t_2 = t_2$ eine Formel.
2. Sind t_1 und t_2 Terme, so ist $t_1 < t_2$ eine Formel.

Kombinationsregeln:

1. Ist φ eine Formel, so auch $\neg \varphi$.
2. Sind φ und ψ Formeln, so sind auch $\varphi \wedge \psi$, $\varphi \vee \psi$, $\varphi \rightarrow \psi$ und $\varphi \leftrightarrow \psi$ Formeln.
3. Ist φ Formel und ist x Variable, so sind auch $\forall x \varphi$ und $\exists x \varphi$ Formeln.

Beispiele von Formeln: $x_1 = x_2$; $x_3 < 1$; $0 < 1$; $x_1 = 0 \rightarrow x_2 < 1$; $\forall x_2\, x_1 + x_2 = 0$.

Keine Formel ist z. B.: $x \cdot y = y \cdot x \;\; \forall x \forall y$.

Den Übergang von Formeln zu Sätzen machen wir an Beispielen plausibel. In der Formel $\forall x\, x + y = y$ steht die Variable x im Wirkungsbereich eines Quantors, nicht jedoch die Variable y. Man sagt, daß die Variable y in der Formel frei vorkommt. Satz heißt nun jede Formel, die keine freie Variable enthält.
Beispiele von Sätzen:

$$\forall x\, x < 0; \qquad \forall x \forall y\; x \cdot y = y \cdot x$$

Beispiele von Formeln, die keine Sätze sind:

$$\forall x\, x < y; \qquad \forall x \forall y\; x \cdot y = z + 1 .$$

Bei dem skizzierten Zugang zur Mathematik durch einen Kalkül interessiert man sich im Rahmen der Syntax ausschließlich für Terme, Formeln und Sätze. Jetzt wird auch klar, weshalb der Mathematiker zwar

$$\forall x\, x \cdot x = 1 \;\rightarrow\; \forall x \forall y\; x \cdot y = y \cdot x$$

aufmerksam betrachtet, nicht jedoch

$$\forall x\; x \cdot x = 1 \;\rightarrow\; x \cdot y = y \cdot x \;\forall x \forall y\,.$$

Das für die Mathematik geschilderte Verfahren einer rekursiven Begründung der Syntax hat man auf die Sprache zu übertragen versucht. Wir betrachten hier nur die deutsche Sprache.

Der Start scheint einfach. Man beginnt mit dem Alphabet a, b, c, d, ... und bildet aus den Buchstaben Wörter, die etwa den Termen in der Mathematik entsprechen. Aber schon dieser Übergang ist nicht in den Griff zu bekommen; es läßt sich kein System von Regeln formulieren, aus dem heraus etwa „ist" gebildet werden darf, nicht jedoch „sti". Deshalb beginnt man in der generativen Syntax der Sprache mit Wörtern als elementaren Bausteinen.

Bei der nachfolgenden Skizze eines Aufbaus der generativen Syntax betrachten wir aus Gründen der Übersichtlichkeit nur den Spezialfall einer Sprache ohne Variable; wir vermeiden damit also den Umweg über Formeln und gelangen stattdessen direkt zu den Sätzen.

Am Anfang stehen also die Wörter. Die Wörter werden in Wortarten unterteilt: Adjektiv (Adj), Artikel (Art), Nomen (N), Präposition (P), Verb (V), ... Aus den Wörtern werden nun mit Hilfe von Herstellungsregeln Konstituenten erzeugt; diese Konstituenten entsprechen den Termen in der Mathematik. Einige zusammengesetzte Konstituenten heißen auch Phrasen und hier gibt es wichtige Spezialfälle: Adjektivphrase, Nominalphrase, Präpositionalphrase, Verbalphrase ....

Wir nennen einige charakteristische Beispiele von Herstellungsregeln.

Basisregel: Jedes Wort ist ein Konstituent.

Kombinationsregeln:

1.

Nominalphrase

2.

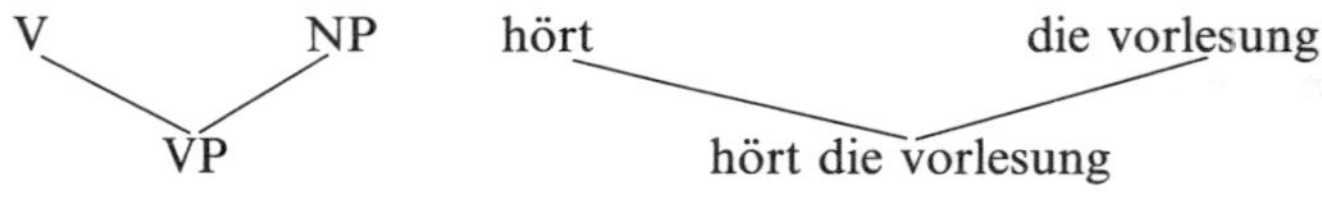

Verbalphrase

3.

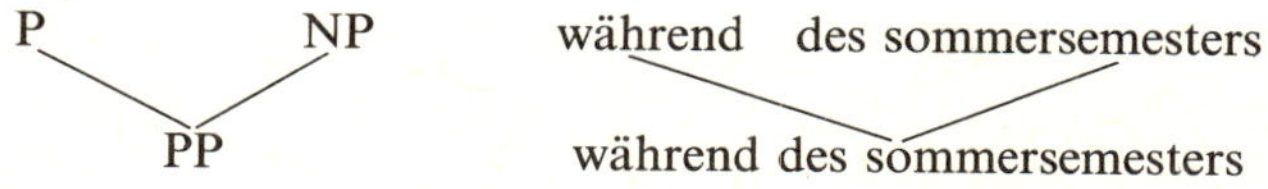

Präpositionalphrase

Aus den Konstituenten gewinnt man nun – wiederum mit Hilfe von Herstellungsregeln – die Sätze.

1.

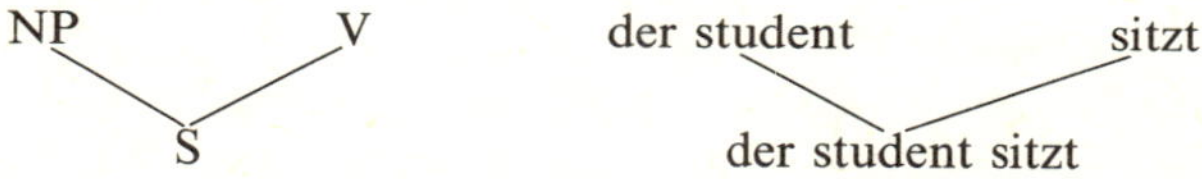

2.

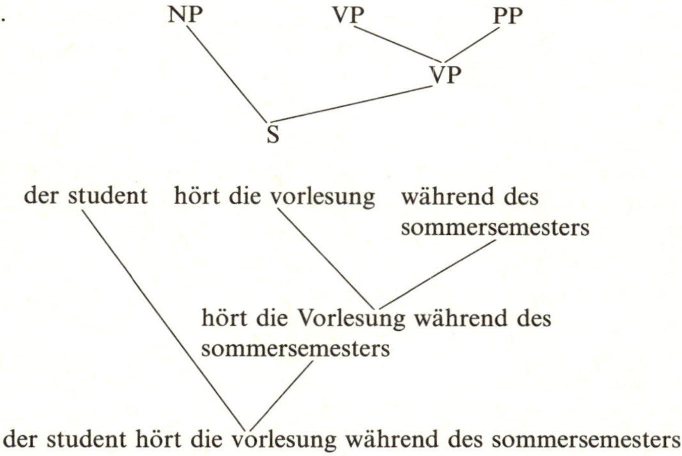

Somit erkennen wir folgende Analogie:

Kalkül (Mathematik)	Generative Syntax (Sprache)
Buchstaben	Wörter
Terme	Konstituenten
Sätze	Sätze

Der Übergang zur jeweils nächsten Stufe wird in beiden Fällen durch die Herstellungsregeln festgelegt; auf diese Weise gewinnt man sowohl in der Mathematik als auch in der Sprache syntaktisch korrekte Sätze. Doch müssen nun die Grenzen der Syntax deutlich gesehen werden. Dazu betrachten wir die beiden folgenden Sätze:

$\forall x \quad 1 < 0$

Der Käfer verspeist die Wissenschaft

Beide Sätze sind zwar syntaktisch korrekt, doch scheinen sie irgendwie unrealistisch zu sein. Die Brücke von der jeweiligen Sprache zur Wirklichkeit oder auch zu Modellen der Wirklichkeit wird nun in der Semantik begangen.

In der Semantik wird untersucht, ob syntaktisch korrekte Sätze der Mathematik in gewissen Bereichen realisiert sind. Wir illustrieren dies an zwei Beispielen.

Der Satz $\exists x \; x \cdot x = 1 + 1$ ist im Bereich $\mathbb{Q}$ der rationalen Zahlen nicht realisierbar, wohl aber im Bereich $\mathbb{R}$ der reellen Zahlen. Man sagt auch, daß der Satz in $\mathbb{R}$ gelte bzw. wahr sei; hingegen ist der Satz in $\mathbb{Q}$ eben nicht wahr. Analog ist der Satz $\exists x \; x \cdot x + 1 = 0$ in $\mathbb{R}$ nicht wahr, er ist jedoch wahr im Bereich $\mathbb{C}$ der komplexen Zahlen. Die Semantik ist nun gerade diejenige Theorie, in der dieses relationale Verhältnis von syntaktisch korrekten Sätzen und konkreten Bereichen im Hinblick auf die Wahrheit bzw. Gültigkeit untersucht wird. Ein Satz wie $\exists x \neg (x = x)$, der ersichtlich in keinem Bereich gültig ist, ist dann zwar syntaktisch korrekt gebildet, doch ist er semantisch kaum von Interesse.

Ganz analog geht man in der Semantik der deutschen Sprache vor. Den Bereichen der Mathematik entsprechen hier konkrete Sprachgemeinschaften. Ob der Satz „Es gibt einen Studenten, der die Vorlesung aufmerksam hört“ in einer Gemeinschaft gültig ist oder nicht, hängt dann eben von der Besonderheit dieser Gemeinschaft ab und der in ihr gültigen Interpretation von „aufmerksam hört“.

Die Definition der Wahrheitsrelation wird sowohl im mathematischen Kalkül als auch in der generativen Grammatik mit Hilfe der Herstellungsregeln vorgenommen. Man ordnet zunächst den Termen bzw. Konstituenten bestimmte Situationen in den mathematischen Bereichen bzw. Sprachgemeinschaften zu und definiert dann rekursiv die Wahrheit von Sätzen.

Diese kurzen Andeutungen dürften plausibel machen, daß ein zum kalkülmäßigen Aufbau der Mathematik analoger generativer Aufbau der Sprache möglich ist. Die Beschreibung von gewissen

Aspekten der Sprache durch Grammatik-Kalküle in Entsprechung zu den Kalkülen der Mathematik hat viele neue Einsichten in Sprachaufbau und Sprachstruktur erbracht. Wer mit dem Ergebnis dennoch unzufrieden ist, sollte nicht übersehen, daß auch in der Mathematik durch Kalküle keineswegs die gesamte Wissenschaft ausgeschöpft wird. Mit den Kalkülen wird unter einem ganz speziellen Aspekt eine Rekonstruktion mit dem Ziel struktureller Einsicht durchgeführt. Aber wesentliche Komponenten von Mathematik und Sprache werden damit nicht erfaßt. Das sei an je einem Beispiel verdeutlicht. Alle wichtigen Teildisziplinen der Mathematik sind im Ursprung nicht über einen Kalkül entdeckt oder geschaffen worden; inhaltlich neue Mathematik wurde bislang stets durch individuelle Intuition gewonnen. Das schmälert nicht den Wert der Kalküle für die Rekonstruktion.
Aus der Sprache betrachten wir ein konkretes Beispiel:

„Es ist nicht einfach, eine Assistentenstelle zu bekommen."

Diesen Satz mag der Dekan eines Fachbereichs mit großem Bedauern im Konvent vortragen; das Ministerium hat erneut keine zusätzlichen Stellen bewilligt. Einen ganz anderen Sinn erhält der Satz, wenn er von einem Doktoranden ausgesprochen wird, der sich vergeblich um eine der freien Stellen beworben hat. Mit Syntax und Semantik gelangt man hier nicht zum Ziel. Die Bedeutung des Satzes wird nur aus dem Kontext klar, in dem er plaziert ist. Mit derartigen Fragestellungen befaßt sich die Textgrammatik; sie kann nicht mehr in einem entscheidbaren Kalkül formalisiert werden.

4. Dynamische Methoden in der Sprachwissenschaft

Sprachen sind keine starren Gebilde. Man spricht in und von lebenden Sprachen. Sprachen sind also einem Wandel unterworfen. Dieser Aspekt des Wandels kann durch strukturalistische Methoden kaum erfaßt werden. Hierfür eignen sich die dynamischen Methoden, die insbesondere von Wildgen in den letzten Jahren entwickelt worden sind. Wir illustrieren diese Methode an einem ganz konkreten Beispiel [Wildgen 1986]: dem Sprachwechsel von Niederdeutsch zu Hochdeutsch als Umgangssprache in Bremen zwischen 1880 und 1920.

Für den zu untersuchenden und mathematisch zu modellierenden Übergang vom Niederdeutschen zum Hochdeutschen fassen wir die Bevölkerung Bremens hinsichtlich ihres Sprachverhaltens als ein System auf, das dazu tendiert, sich zu ändern. Wodurch wird die Änderungstendenz beeinflußt? Zunächst einmal werden Vorschriften und Erlasse die Attraktivität bzw. Anziehungskraft des Hochdeutschen erhöhen; dazu gehören die Verbindlichkeit von Hochdeutsch im Behördenverkehr, die Verwendung von Hochdeutsch in weiterführenden Schulen usw.. Diese administrativen Erlasse bewirken eine langfristige Tendenz zugunsten des Hochdeutschen. Der Übergang vom Niederdeutschen zum Hochdeutschen wird aber auch wesentlich mitbestimmt durch eine historisch-soziale Makrodimension, die von der Bevölkerungszusammensetzung, dem Generationswechsel und Migrationseffekten abhängt. Schließlich hängt die Änderungstendenz natürlich auch vom jeweiligen Zustand des Systems ab.

Die Kombination der Einflüsse bewirkt, daß der Übergang ein höchst sensibler und störanfälliger Prozeß ist. Er läßt sich nun mit Methoden der Katastrophentheorie – hier: mit Hilfe der Kuspe bzw. Spitze (engl.: cusp) – mathematisch modellieren.
Wir betrachten die Funktion von drei reellen Veränderlichen

$$V(x, M, a) = \frac{x^4}{4} + M\frac{x^2}{2} + ax\,.$$

M steht für historisch-soziale Makrodimension, a steht für administrative Erlasse, x bezeichnet die Zustandsvariable des Systems. Die Funktion V(x, M, a) mißt die Änderungstendenz des Systems in Abhängigkeit von x, M und a.
Zunächst bilden wir die erste Ableitung

$$\frac{\partial V}{\partial x} = x^3 + Mx + a\,.$$

Die Gleichgewichtsfläche von V im dreidimensionalen Raum wird durch

$$0 = x^3 + Mx + a$$

gegeben.

Nun gehen wir zur zweiten Ableitung über:

$$\frac{\partial^2 V}{\partial x^2} = 3x^2 + M .$$

Die Singularitätenmenge von V ist die Lösungsmenge des Systems

$$0 = x^3 + Mx + a$$
$$0 = 3x^2 + M .$$

Als Katastrophenmenge (Bifurkationsmenge) von V ergibt sich via Projektion der Singularitätenmenge in die a–M-Ebene die Lösungsmenge von

$$4M^3 = -27a^2 .$$

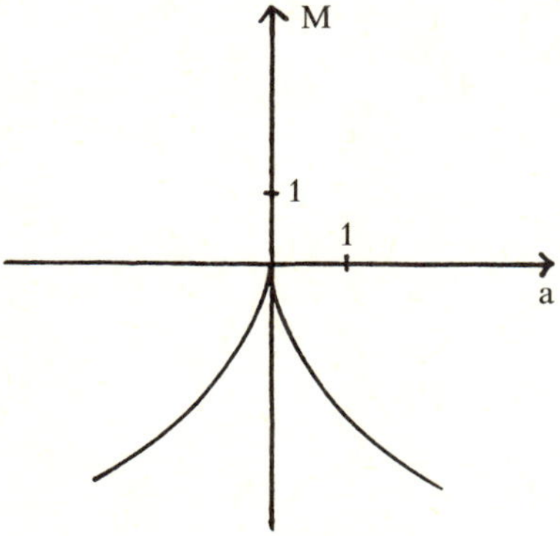

Zu jedem Punkt der a–M-Ebene gehört eine Funktion einer reellen Variablen:

$$V_{(a,M)} : x \mapsto \frac{x^4}{4} + M\frac{x^2}{2} + ax .$$

Es beschreibt $V_{(a,M)}$ die Änderungstendenz bei festen Werten sowohl für a als auch für M allein in Abhängigkeit des Zustands x. Ein Graph der Funktion $V_{(a,M)}$ kann z. B. folgendermaßen aussehen.

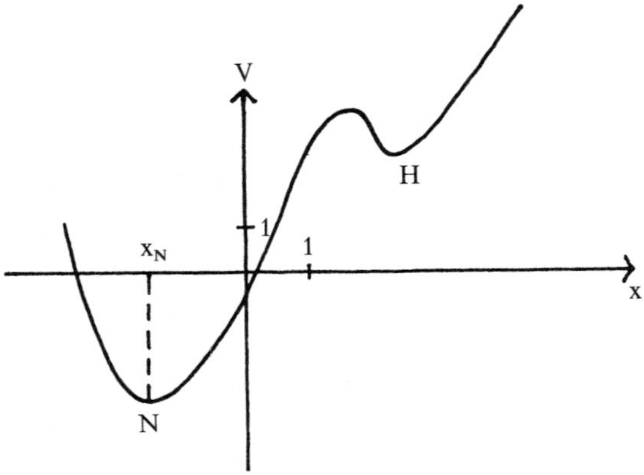

An der Stelle x_N hat die Funktion ein absolutes Minimum; hier ist also die Änderungstendenz minimal. In unserem Beispiel bedeutet x_N einen Zustand, in dem das Niederdeutsche stabil ist.

Ein entsprechender Graph für $V_{(a,M)}$ mit starker Dominanz des Hochdeutschen hat etwa folgende Gestalt.

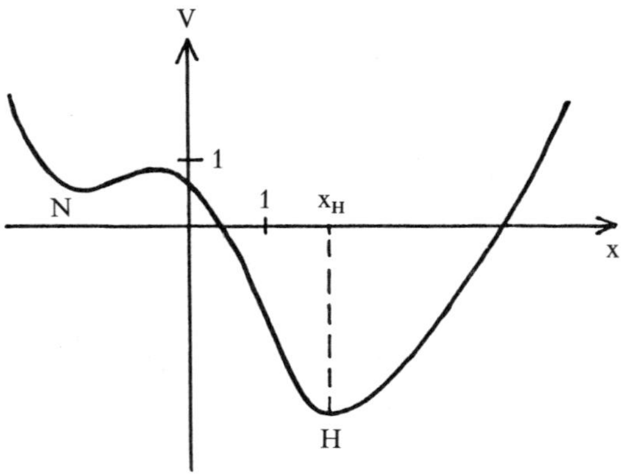

In der Realität verändern sich natürlich auch die Variablen M und a. Um die Aussagekraft des Modells voll auszuschöpfen, muß man also die Änderung des $V_{(a,M)}$-Graphen beim Durchlaufen einer Kurve in der a–M-Ebene verfolgen. Diese Dynamik der $V_{(a,M)}$-Graphen veranschaulicht dann die Dynamik des Sprachwechsels. Die Bedeutung dieses mehrdimensionalen Modells liegt darin, daß hier verschiedene Einflüsse in Form von Variablen berücksichtigt werden. Auch stellt die Katastrophentheorie noch Gesetzmäßigkeiten der Dynamik bereit; so wird sich der Typ des $V_{(a,M)}$-Graphen stets dann signifikant ändern, wenn die Kurve in der a–M-Ebene die Parabel der Katastrophenmenge schneidet.

5. Die natürlichen Zahlen in der deutschen Sprache: Linguistische Aspekte

Schon in der Einführung zu diesem Kapitel haben wir darauf hingewiesen, daß bislang nur wenige Bemühungen unternommen worden sind, sich mit sprachwissenschaftlichen Methoden der Mathematik zu nähern. Nun gibt es ein ganz natürliches Feld, auf dem sich Sprache und Mathematik treffen: es ist dies das Feld der Zahlwörter. Einige Sprachwissenschaftler haben die Zahlwörter in den Kanon ihrer Forschungsgegenstände aufgenommen; dabei ergeben sich dann zwangsläufig Berührungspunkte mit der Mathematik. Wir schildern hier Teile einer Untersuchung von Weinrich über linguistische Aspekte der natürlichen Zahlen.

Betrachtet werden die Zahlwörter für die natürlichen Zahlen in der gesprochenen bzw. in Buchstabenschrift geschriebenen deutschen Sprache.

Beispiel: zweitausendsiebenhundertneunundvierzig.

Wir zerlegen dieses Zahl-Wort in seine Bausteine:

zwei tausend sieben hundert neun und vierzig .

Bausteine für die Zahlwörter der natürlichen Zahlen sind genau 24 „elementare Zahlwörter" sowie das Hilfswort „und". Die elementaren Zahlwörter lauten: ein, zwei, drei, vier, fünf, sechs, sieben, acht, neun, zehn, elf, zwölf, zwanzig, dreißig, vierzig, fünfzig, sechzig, siebzig, achtzig, neunzig, hundert, tausend, million, milliarde (inflationäre Aspekte werden ignoriert).

Aus diesen elementaren Zahlwörtern werden alle Zahlwörter für die natürlichen Zahlen erzeugt. Die erzeugenden Regeln selbst – dreizehn ist eine erlaubte Bildung, zweizehn jedoch nicht – analysieren wir hier nicht. Uns interessieren die Beziehungen zwischen Zahlwörtern und Zahlen.

Es gibt – Sprache und Mathematik sind kompatibel – eine Bijektion zwischen den Zahlwörtern und den Zahlen, wobei wir die Zahlen in arabischer Ziffernnotation schreiben.
Für die elementaren Zahlwörter ist die Zuordnung klar:

eins $\mapsto$ 1

.....

zwölf $\mapsto$ 12

.....

sechzig $\mapsto$ 60

.....

tausend $\mapsto$ 1000

......

Wie steht es um Regeln für die Zusammensetzung?Einfache Beispiele zeigen, daß hier kein Homomorphismus vorliegt.

siebenzehn $\mapsto 7 + 10$
siebenhundert $\mapsto 7 \cdot 100$
.....
viertausend $\mapsto 4 \cdot 1000$
tausendzweihundert $\mapsto 1000 + (2 \cdot 100)$

Weinrich hat die Verknüpfungsregeln für die Zuordnung in vier Regeln zusammengefaßt.
Grundregeln (für die Zusammensetzung von zwei elementaren Zahlwörtern):

I. Für alle Zahlwörter, die Zahlen unter 100 entsprechen: alle Kombinationen von (zwei) elementaren Zahlwörtern sind additiv zu interpretieren.
II. Für alle Zahlwörter, die Zahlen über 100 entsprechen:
  (i) Steht ein niederes elementares Zahlwort vor einem höheren, so wird multipliziert.
  (ii) Steht ein höheres elementares Zahlwort vor einem niederen, so wird addiert.

Zusatzregeln (für die Zusammensetzung von drei und mehr elementaren Zahlwörtern – es handelt sich dann immer um Zahlen über 100):

III. Multiplikation muß vor Addition ausgeführt werden.

IV. Die bisherigen Regeln gelten weiterhin, jedoch mit folgender Ausnahme: geht einem höheren elementaren Zahlwort eine niedere Kombination voraus, so muß diese vor der Multiplikation nach den Regeln I–III bearbeitet werden.

Beispiele:

Zu I:		dreizehn $\mapsto 3 + 10$
Zu II:	(i)	siebenhundert $\mapsto 7 \cdot 100$
	(ii)	hundertsieben $\mapsto 100 + 7$
Zu III:		siebentausendzwölf $\mapsto (7 \cdot 1000) + 12$
		dreihundertzwanzig $\mapsto (3 \cdot 100) + 20$
Zu IV:		dreizehnhundert $\mapsto (3 + 10) \cdot 100$
		siebenundzwanzigtausend $\mapsto (7 + 20) \cdot 1000$.

Die Regeln zeigen, daß für die natürlichen Zahlen in der deutschen Sprache die Zahl 100 eine herausragende Rolle spielt: die natürlichen Zahlen sind hier nach einem Centesimalsystem aufgebaut.

6. Fachsprache – Umgangssprache

Wir beginnen mit einigen terminologischen Vereinbarungen. Auch wenn wir uns in beiden Fällen der deutschen Sprache bedienen, sind doch signifikante Unterschiede unüberhörbar, ob wir mit einem Kollegen mathematische Probleme erörtern oder ob wir mit einem Bekannten Ferienerlebnisse austauschen. Diese Unterschiede bleiben im Prinzip bestehen, wenn wir das Gespräch in einer Fremdsprache führen, also zu einer anderen Trägersprache übergehen. Mit diesem Beispiel haben wir den Begriff Trägersprache schon fixiert; mögliche Trägersprachen sind Deutsch, Englisch, Französisch, Latein usw.. Weiter unterscheiden wir noch zwischen Fachsprache und Umgangssprache. In einer Fachsprache verständigen sich Experten über ihr Spezialgebiet. Die Umgangssprache dient der allgemeinen Kommunikation in einer Lebensgemeinschaft. Sowohl Fachsprache als auch Umgangssprache sind an eine Trägersprache gebunden.

In diesem Abschnitt wollen wir zwei Interdependenzen exemplarisch erörtern. Wir betrachten zunächst den Wechsel der Trägersprache bei einer Fachsprache und danach den Einfluß der Fachsprache auf die Umgangssprache bei gleicher Trägersprache. Dabei greifen wir auf Arbeiten von Pörksen zurück.

a) Der Übergang von Latein zu Deutsch als Trägersprache für die mathematische Fachsprache.

Als Trägersprache für die mathematische Fachsprache dominierte bis ins 19. Jahrhundert in Deutschland die lateinische Sprache. Der Übergang von Latein zu Deutsch als Trägersprache für Mathematik geschah langsam; er vollzog sich in einem Zeitraum von 300 Jahren. Dabei spielte auch eine wesentliche Rolle, daß während dieser Zeit Deutsch Trägersprache der Umgangssprache war. Wir markieren einige wichtige Stationen.

1525 veröffentlicht Dürer seine „Underweysung der Messung",
1616 erscheint Keplers „Messkunst Archimedis",
1710 veröffentlicht Wolff seine „Anfangsgründe aller mathematischen Wissenschaften",
1826 beginnt die erste deutschsprachige Zeitschrift der Mathematik: Journal für die reine und angewandte Mathematik (Crelles Journal).

Dürers Buch ist eine Anleitung für Lehrlinge der Malerei in Perspektive und geometrischer Elementarlehre. Die Notwendigkeit ergab sich daraus, daß alle Mathematikbücher zu jener Zeit in lateinischer Sprache abgefaßt waren und der Adressatenkreis nur die deutsche Sprache beherrschte. Keplers Werk war für Behörden und Küfer gedacht, enthielt dabei viel deutschsprachige mathematische Terminologie.

Während dieser Zeit war die lateinische Sprache unbestrittene Trägersprache der Mathematik an den Universitäten. Durch Kepler und Dürer sind also mathematische Begriffe in die deutsche Umgangssprache eingeführt worden, lange bevor die deutsche Sprache Trägersprache auch der Fachsprache Mathematik wurde. Bei diesem Wechsel der Trägersprache sind dann einige Termini, die Kepler und Dürer eingeführt hatten, übernommen worden, andere jedoch nicht. Dürer hatte eingeführt

Kegel für conus
Kugel für sphaera
Würfel für cubus

Zwerchlinie für diameter
Eierlinie für elipsis
Gabellinie für hyperbola.

Die ersten drei Vorschläge sind später in die Fachsprache übernommen worden, die letzten drei nicht. Wir sagen heute

Durchmesser statt Zwerchlinie
Ellipse statt Eierlinie
Hyperbel statt Gabellinie.

Von Keplers Terminologie sind in die Fachsprache u. a. übernommen worden: Länge, Breite, Tiefe, Beweis, Gleichheit. Nicht übernommen wurden Ovallinie (Ellipse), Gleichlaufende (Parallele).

Die genannten „Anfangsgründe“ von Wolff waren das erste deutschsprachige Lehrbuch der Mathematik, das an unseren Universitäten Karriere machte. Die Mathematikvorlesungen wurden auch weiterhin meist in lateinischer Sprache gehalten. Das Buch von Wolff hat den Wechsel der Trägersprache von Latein zu Deutsch für die Fachsprache Mathematik ganz wesentlich beeinflußt.

Mathematische Forschungsergebnisse wurden bis in die Mitte des 19. Jahrhunderts überwiegend in lateinischer Sprache abgefaßt. Erst 1826 erschien Band 1 von Crelles Journal. Im Vorwort schreibt der Herausgeber: „Es gibt kaum einen bedeutenden Gegenstand des Wissens, der nicht auch seine Deutsche Zeitschrift hätte. Nur die weite, unbegrenzte Mathematik, diese über Zeit und Ort, über Meinungen und Leidenschaften erhabene Wissenschaft, die unter allen vielleicht am meisten mit der Wahrheit verwandt ist, hat dermalen keins. .... Da nun eine Zeitschrift in der That ein sehr wirksames Mittel ist, eine Wissenschaft zu fördern und zu verbreiten, ..., so ist es wohl der Mühe werth zu versuchen, ob sich eine solche in Deutscher Sprache für die Mathematik ins Leben rufen und darin erhalten läßt.“

Die geschilderten Hinweise sollten deutlich machen, daß ein Wechsel der Trägersprache in einer Fachsprache – hier: der Mathematik – nicht frei von Mühen und Komplikationen ist. Dabei wurde mitunter auch über das Ziel hinausgetroffen [Busch 1933, S. 35]: „Vor drei Jahren wurde auf der Schule noch addiert, subtrahiert, dividiert und multipliziert statt zu- und weggezählt, mal genommen und geteilt. .... Von den neuesten guten Verdeutschungen setzen sich durch:

Hochwert für Potenz
Berührende für Tangente
Veränderliche für Variable
Unveränderliche für Konstante
Ordnungskreuz für Koordinatensystem
Ordnungsachse für Koordinatenachse
spiegelgleich für symmetrisch
deckungsgleich für kongruent."

b) Der Einfluß der mathematischen Fachsprache auf die Umgangssprache.

Wenn Umgangssprache und Fachsprache dieselbe Trägersprache haben, bleiben wechselseitige Einflüsse nicht aus. Die Wissenschaftler gelangen ja in aller Regel aus einer Umgangssprache in die Fachsprache hinein. Muß in der Wissenschaft ein neuer Begriff fixiert oder ein neues Wort geprägt werden, so dient die Umgangssprache häufig als Orientierung. Aber auch die Fachsprachen wirken auf die Umgangssprachen ein. Dieser Einfluß einer Fachsprache auf die Umgangssprache ist um so intensiver, je höher der Prozentsatz der Bevölkerung mit propädeutischen Kenntnissen des Faches ist. So hat die allgemeine Schulpflicht zusammen mit der Einführung von Mathematik als verbindlichem Pflichtfach zu einer Mathematisierung der Umgangssprache geführt.

Die beiden Wortwanderungen – von der Umgangssprache in die Fachsprache, von der Fachsprache in die Umgangssprache – sind von sehr unterschiedlichem Typus. Der Übergang eines Wortes aus der Umgangssprache in die Fachsprache geschieht meist durch eine Präzisierung. Dies gilt insbesondere für die Fachsprache der Mathematik. So erfährt das umgangssprachliche Verständnis von „teilbar" in der elementaren Zahlentheorie eine präzise Fassung. Die mit dem Wort „endlich" in der Umgangssprache verbundene intuitive Vorstellung wird durch die Mathematik in eine exakte Definition eingearbeitet.

Bei der Wanderung aus der Fachsprache in die Umgangssprache werden die Wörter jeweils aus der strengen Zucht der Wissenschaft entlassen und gelangen ins Freie. Ganz ohne Frage haben die aus der Fachsprache Mathematik in die Umgangssprache zurückgewanderten Wörter Struktur, Problem, Axiom, Folgerung, Funktion, Relation, Kalkül, Lösung auch nach ihrer Rückkehr in die Umgangssprache semantische Merkmale beibehalten, die ihnen in der Mathematik vermittelt worden sind. Doch werden etwa die Wörter Funktion oder auch Relation innerhalb der Umgangssprache zunehmend mit Bedeutungen versehen, die kaum noch den vorübergehenden Aufenthalt in der Mathematik erkennen lassen.

III. Dichtung und Mathematik

1. Einführung

Obwohl Dichter in der Wahl ihrer Inhalte grundsätzlich frei sind, reagieren sie in der Regel äußerst sensibel auf Veränderungen in allen Lebensbereichen und thematisieren zentrale Probleme ihrer Zeit. So findet etwa die neuartige exakte Naturwissenschaft im 17. und 18. Jahrhundert auch die ihr gebührende Beachtung in der Literatur der damaligen Zeit.

Zu den wichtigsten Entwicklungen in unserem Jahrhundert gehört ohne Frage die ständig wachsende Bedeutung der Wissenschaften. Folgerichtig wird die Problematik des wissenschaftlichen Zeitalters auch von den Dichtern in ihren Schaffensprozeß einbezogen. Nicht alle Wissenschaften bewirken mit gleicher Intensität spürbare Veränderungen im gesamten Spektrum des Daseins. Es besteht kein Zweifel, daß im 20. Jahrhundert die Mathematik zu denjenigen Wissenschaften gehört, die unser Leben besonders nachhaltig beeinflußt haben. So überrascht es nicht, daß die Mathematik auf vielfältige Weise in Lyrik, Drama und Epik eingearbeitet worden ist. Bei Beschränkung auf deutschsprachige Autoren sind insbesondere Broch, Frisch, Hesse, Krolow, Musil und A. Schmidt zu nennen. Wir berücksichtigen hier nur Arbeiten von Broch, Musil, Hesse und Frisch.

Neben diesem Versuch, Mathematik in die Dichtung einzubeziehen, gibt es noch andersartige Interdependenzen zwischen Dichtung und Mathematik. So können mathematische Methoden für gewisse Aspekte der Analyse von Werken der Dichtung genutzt werden. Auch gibt es Beispiele, in denen mathematische Gesetzmäßigkeiten als verborgenes Konstruktionsprinzip im dichterischen Schaffensprozeß verwendet werden. Wir müssen uns auf die Präsentation weniger Beispiele beschränken.

2. Quantitative Methoden in der Analyse des literarischen Stils

Wissenschaft ist grundsätzlich aspektisch. Nur durch Ausblendung von vielen Gesichtspunkten und Begrenzung auf einen oder wenige Aspekte können wissenschaftliche Erkenntnisse gewonnen werden. Wenn also Texte mit quantitativen Methoden analysiert werden, so wird damit keineswegs das literarische Werk als Ganzes erfaßt. Es ist dies eben eine unter vielen Möglichkeiten, Gemeinsames und Trennendes in Texten aufzuspüren. Aber jeder Text hat auch eine Formalstruktur; er besteht aus Sätzen, die Sätze sind aus Wörtern aufgebaut usw.. Mit quantitativen Methoden lassen sich hier durchaus signifikante Unterteilungen ausmachen. Wir schildern einige Ergebnisse, die von Fucks in mehreren Arbeiten publiziert worden sind [Fucks 1953; Fucks 1968; Fucks-Lauter 1971]. Dabei werden sowohl dichterische Prosa als auch wissenschaftliche Texte analysiert.

a) Silbenzahl pro Wort – Wortzahl pro Satz

Sei N die Anzahl der Wörter eines Textes. Ist z_i die Anzahl der Wörter mit der Silbenzahl i, so ist der Mittelwert

$$\bar{i} = \sum_i i \frac{z_i}{N}$$

ein brauchbares Maß dafür, ob der Autor Wörter mit kleiner oder großer Silbenzahl bevorzugt.

Ist M die Anzahl der Sätze eines Textes und ist y_j die Anzahl der Sätze mit der Wortzahl j, so bildet man entsprechend den Mittelwert

$$\bar{j} = \sum_j j \cdot \frac{y_j}{M}.$$

Fucks-Lauter [1971; S. 114/115] haben für mehr als fünfzig Texte die Werte $\bar{i}$ und $\bar{j}$ bestimmt. Wir zitieren nur wenige Beispiele.

		$\bar{i}$	$\bar{j}$
Bismarck:	Reichstagsreden 1885–89	2,281	33,863
Eichendorff:	Aus dem Leben eines Taugenichts	1,556	24,900
Goethe:	Italienische Reise	1,715	22,724
Hegel:	Wissenschaft der Logik (1812)	1,835	31,381
Heisenberg:	Die Physik der Atomkerne	1,919	20,530
Joos	Lehrbuch der theoretischen Physik	2,046	22,642
Mann:	Buddenbrooks	1,804	18,850
May	Winnetou I	1,613	14,100
Schliemann:	Trojanische Altertümer	1,892	42,134
Stifter:	Der Hochwald	1,735	27,790

Zunächst einmal ist auffällig, daß die Werte für $\bar{i}$ und $\bar{j}$ bei wissenschaftlichen Texten in der Regel größer sind als bei den schöngeistigen Werken. Fucks hat 23 literarische Werke sowie 27 wissenschaftliche Veröffentlichungen analysiert; dabei ergab sich bei den Dichtern für $\bar{i}$ als Mittelwert 1,682 und für $\bar{j}$ der Mittelwert 18,211. Bei den Wissenschaftlern ergaben sich die Mittelwerte 1,984 für $\bar{i}$ und 24,385 für $\bar{j}$. Aber auch bei den Werken der dichterischen Prosa zeigen sich signifikante Unterschiede. Bei May liegen $\bar{i}$ und $\bar{j}$ extrem niedrig, bei Stifter außergewöhnlich hoch. Bei Eichendorff steht einem sehr kleinen $\bar{i}$-Wert ein extrem großer Wert für $\bar{j}$ zur Seite. Möglicherweise wird man bei Thomas Mann den relativ kleinen $\bar{j}$-Wert mit Überraschung zur Kenntnis nehmen.

b) Übergangshäufigkeiten

Recht auffällige Unterschiede zeigen Texte auch in den Übergangshäufigkeiten. So folgt bei Goethe ein Pronomen auf ein Verb wesentlich häufiger als bei Kant. Hingegen steht ein Komma nach einem Verb bei Kant viel häufiger als bei Goethe. Beide Autoren lassen auf ein Adverb gleich oft ein Substantiv folgen.

c) Merkmalraum und Echtheitsquader

Wir haben nur einen Bruchteil der von Fucks erarbeiteten quantitativen Daten und Analysen skizziert. Das Prinzip dürfte jedoch deutlich geworden sein. Man definiert gewisse Merkmale und ordnet ihnen jeweils numerische Invarianten (Mittelwert, Streuung, usw.) zu, die man für die zu untersuchenden Texte bestimmt. Bei n Merkmalen ergibt sich dann ein n-dimensionaler Merkmalraum und jedem Text ist genau ein Punkt $(x_1, \ldots, x_n)$ in diesem Raum zugeordnet.

Untersucht man mehrere Texte ein und desselben Autors, so spannen die den Texten zugeordneten Punkte einen Quader im Merkmalraum auf; dies ist der dem Autor zugeordnete „Echtheitsquader". Will man prüfen, ob ein bestimmter Autor als Verfasser eines Textes in Frage kommt, so untersucht man, ob der dem Text zugeordnete Punkt im Merkmalraum zum Echtheitsquader des Autors gehört. Ist dies nicht der Fall, so scheidet dieser Autor mit ziemlicher Sicherheit als Urheber des Textes aus. Auf diese Weise kann man Aussagen hinsichtlich der Authentizität von Texten gewinnen.

3. Zahlensymbolik als poetisches Konstruktionsprinzip: Dante

Die Zahl hat im Mittelalter in vielen Bereichen eine zentrale Rolle gespielt. Besonders intensiv und vielfältig wurde Zahlensymbolik sowohl in Dichtung als auch in Philosophie eingearbeitet.

Wir betrachten hier ausschließlich Dantes „Die Göttliche Komödie" und schöpfen insbesondere aus Arbeiten von Hardt [Hardt 1972, 1973, 1985]. Dante Alighieri wurde 1265 in Florenz geboren und starb 1321 in Ravenna; sein Hauptwerk ist die „Divina Commedia".

Die Göttliche Komödie besteht aus drei Teilen: Die Hölle, Der Läuterungsberg, Das Paradies. Jedes dieser Teile ist aus Gesängen aufgebaut, deren Verszahl zwischen 133 und 160 liegt. Vorangestellt sei eine Übersicht über die Gesamtzahl der Gesänge und Verse:

Die Hölle	34 Gesänge	4720 Verse
Der Läuterungsberg	33 Gesänge	4755 Verse
Das Paradies	33 Gesänge	4758 Verse.

Insgesamt besteht das Werk aus 14233 Versen; bei einer Lesegeschwindigkeit von 25 Versen pro Minute dauert ein Durchgang durch das Werk – ohne Pause! – knapp 10 Stunden. Angesichts dieses Umfangs wirkt die vielfältige Realisierung zahlensymbolischer Prinzipien höchst erstaunlich.

Wie auch sonst in der mittelalterlichen Literatur erscheinen die Zahlen bei Dante in dreifacher Funktion: a) symbolisch, b) kompositorisch, c) gematrisch.

a) Symbolische Bedeutung der Zahlen

Viele Zahlen haben im Mittelalter eine symbolische Bedeutung; diese Zuordnung von Zahlen zu Begriffen steht in einer langen Tradition, die bis in die Antike zurückreicht.
Einige Beispiele:

3 ist Symbol für Trinität
5 ist Symbol für Sinnlichkeit
7 ist Symbol für Harmonie (Zahl der Planeten)
10 ist Symbol für Gesetz
11 ist Symbol für Sünde (Übertretung des Gesetzes)
13 ist Symbol für Gesang

b) Kompositorische Bedeutung der Zahlen

Hier wird die symbolische Bedeutung der Zahlen kompositorisch eingearbeitet: durch Verszahl, Terzinenzahl, Verteilung bestimmter Wörter auf Zeilen, symbolisch ausgezeichnete Verse usw..

c) Gematrische Bedeutung der Zahlen

Den Buchstaben des Alphabets werden Zahlen zugeordnet:
$a \mapsto 1$, $b \mapsto 2$, $c \mapsto 3$, $d \mapsto 4$ usw.. Namen und Begriffen werden dann die Summe der Buchstabenwerte zudiktiert. Dabei ergibt sich z. B.

Dante $\mapsto$ 44
Beatrice $\mapsto$ 61
Dante Alighieri $\mapsto$ 118 .

Nach diesen Vorbereitungen schildern wir nun einige konkrete Beispiele. Die insgesamt einhundert Gesänge des Gesamtwerks bestehen jeweils aus Terzinen und einem Schlußvers. Es gibt genau neun verschiedene Verszahlen pro Gesang: 133, 136, 139, 142, 148, 151, 154, 160. Diese neun Zahlen zeigen noch keine besondere symbolische Absicht. Doch war es im Mittelalter üblich, jeweils die Quersumme zu bilden.

Verszahl	Quersumme
133	7
136	10
139	13
142	7
145	10
148	13
151	7
154	10
160	7

Es gibt genau drei verschiedene Quersummen der Verszahlen: 7, 10, 13. Dies läßt sich nach den geschilderten symbolischen Bedeutungen der Zahlen so interpretieren: Hier wird ein Gesang nach festem Gesetz komponiert mit dem Ziel höchstmöglicher Harmonie.

Recht kunstvoll hat Dante auch die Verszahlen in Relation zu den Gesängen gewählt. „Der Läuterungsberg“ und „Das Paradies“ bestehen aus 33 Gesängen. Der 17. Gesang bildet in beiden Fällen eine Symmetrieachse.

(i) Der Läuterungsberg

Gesang	Verszahl	Quersumme der Verszahl	
11.	142	7	
12.	136	10	
13.	154	10	
14.	151	7	
15.	145	10	usw.
16.	145	10	
17.	139	13	
18.	145	10	
19.	145	10	
20.	151	7	
21.	136	10	
22.	154	10	
23	133	7	

(ii) Das Paradies

Gesang	Verszahl	Quersumme der Verszahl	
11.	139	13	
12.	145	10	
13.	142	7	
14.	139	13	
15.	148	13	usw.
16.	154	10	
17.	142	7	
18.	136	10	
19.	148	13	
20.	148	13	
21.	142	7	
22.	154	10	
23.	139	13	

Amor bzw. amore in „Die Hölle“:

	Gesang	Vers	
	1	39	
	1	83	
	1	104	5
	2	72	
9	3	6	
	5	66	
	5	69	amor im 3. Vers einer Terzine
	5	78	
9	5	100	amor im 1. Vers einer Terzine
	5	103	
	5	106	
	5	119	
	5	125	amor im 2. Vers einer Terzine
	5	128	
	11	56	
9	11	61	
	12	42	5
	26	95	
	30	39	

Die Hölle besteht aus 33 Gesängen mit zusammen 4720 Versen. Darin kommt das Wort amor bzw. amore genau 19mal vor. Wir listen jeweils Gesang und für jeden Gesang die entsprechenden Verszahlen mit amor bzw. amore auf.
Vom ersten Auftreten des Worts amor in Vers 39 des 1. Gesangs bis zum letztmaligen Auftreten im 30. Gesang, Vers 39 sind es übrigens 3993 Verse – ohne Frage im Hinblick auf die Trinität so gestaltet.

Darüber hinaus zeigt schon das obige Schema, welch vielfältige Symmetrien und Harmonien Dante bei der Plazierung des Worts amore eingearbeitet hat.

Schließlich seien noch zwei gematrische Bezüge von Zahlen in der Göttlichen Komödie exemplarisch genannt. Die Hölle umfaßt 4720 Verse. Es besteht die Zerlegung $4720 = 40 \cdot 118$ und es ist 118 die Dante Alighieri zugeordnete Zahl. Das Paradies besteht aus 4758 Versen. Hier erscheint in der Zerlegung $4758 = 2 \cdot 39 \cdot 61$ die Beatrice zugeordnete Zahl 61.

Wir haben hier nur einen kleinen Ausschnitt der von Dante in die Göttliche Komödie eingearbeiteten Zahlensymbolik skizzieren können; eine ausführliche Darstellung findet der interessierte Leser in den Arbeiten von Hardt.

4. Mathematik und Poetik als Basis einer Enzyklopädie: Novalis

Novalis (1772–1801) absolvierte zunächst ein Jurastudium. Nach einigen Jahren beruflicher Tätigkeit begann er 1797 das Studium der Bergwerkskunde an der Bergakademie Freiberg; 1799 erfolgte seine Ernennung zum Salinen-Assessor.

Insbesondere während seiner Freiberger Zeit hat Novalis intensive Studien in Naturwissenschaft und Mathematik betrieben. Darüber hinaus hat er in dieser Zeit „Das Allgemeine Brouillon“ verfaßt mit dem Untertitel „Materialien zur Enzyklopädistik 1798/99“. Diese Materialien-Sammlung besteht aus 1151 bruchstückhaften Skizzen – ohne jede äußere Ordnung oder Systematik. Es handelt sich offensichtlich um den ersten Entwurf eines wissenschaftlichen Hauptwerks, das Novalis vorschwebte, dessen Ausarbeitung er jedoch nicht einmal begonnen hat.

Kants Kritik der reinen Vernunft erschien 1781 in erster Auflage;

die zweite Auflage folgte 1787. Novalis gehörte also zur ersten Generation, die Wissenschaft im Anschluß an die Kopernikanische Wende der Denkart lernte und weiterentwickelte. Dabei hat Novalis die von Kant neu geschaffene Situation ohne Einschränkung akzeptiert und die im Bereich der Wissenschaft sich neu ergebenden Möglichkeiten engagiert zu nutzen versucht.

Novalis' Entwurf einer Enzyklopädie muß als Antwort interpretiert werden auf die von Kant geforderte Spontaneität und Produktivkraft der Vernunft. Dabei kann dieser Entwurf aufgefaßt werden als großangelegter Versuch, im Sinne der Interdependenz die Vielfalt der Wissenschaften einer Einheit zuzuführen. Zentrale Disziplinen für den Aufbau der Enzyklopädie waren für Novalis Mathematik und Poetik.

Wir zitieren aus „Das Allgemeine Brouillon" im dritten Band der Schriften von Novalis und geben jeweils sowohl Nummer als auch Seitenzahl an.

Was Novalis unter seiner Enzyklopädie versteht, wird sehr deutlich in [233, S. 280] gesagt: „... Encyklopaedistik überhaupt. Diese enthält wissenschaftliche Algeber-Gleichungen. Verhältnisse – Aehnlichkeiten – Gleichheiten – Wirckungen der Wissenschaften aufeinander."

Man erkennt hier den Ursprung von Interdependenz als Relation zwischen den Wissenschaften. Diesem globalen Ziel des Systems aller Wissenschaften sind die Ziele der einzelnen Disziplinen angepaßt [176, S. 272]: „Eine Wissenschaft ist vollendet, 1. wenn sie auf alles angewandt ist – 2. wenn alles auf sie angewandt ist – 3. Wenn sie als absolute Totalitaet, als Universum betrachtet – sich selbst als absolutes Individuum mit allen übrigen Wissenschaften und Künsten, als relativen Individuen, untergeordnet wird."

Eine zentrale Rolle beim Aufbau der Enzyklopädie weist Novalis der Mathematik zu. [939, S. 449]: „Ächter wissenschaftlicher Geist hat vorzüglich bisher bey den Mathematikern geherrscht." [90, S. 257]: „Die Basis aller Wissenschaften und Künste muß eine Wissenschaft und Kunst seyn – die man der Algeber vergleichen kann." [1016, S. 459]: „Alle historische Wissenschaft strebt mathematisch zu werden. Die mathematische Kraft ist die ordnende Kraft. Jede mathematische Wissenschaft strebt wieder philosophisch zu werden – animirt oder rationalisirt zu werden – dann poetisch – endlich moralisch – zuletzt religiös."

Hier kommt auch bereits die Poetik mit ins Spiel. Sie und die Mathematik sind für Novalis die wichtigsten Bausteine seiner Enzyklopädie. Er spricht sowohl von „universaler Mathematik“ als auch von „universaler Poetik“ als tragenden Fundamenten seines Systems. Wichtig ist ihm auch, Poetik und Wissenschaft als Einheit zu sehen [717, S. 406]: „Die Trennung von Poet und Denker ist nur scheinbar – und zum Nachtheil beyder – Es ist ein Zeichen einer Kranckheit ...“

Leitfragen sind für Novalis die Dualitäten Wirkliches–Überwirkliches, Immanentes–Transzendentes, Endliches–Unendliches. Recht kühn seine Frage [247, S. 284]: „Denklehre. Unendliche Gedanken – ideale Gedanken – Ideale mit 2 und 3 Dimensionen. Wie kann man sich der unendliche Gedanken zur Lösung endlicher Gedankenprobleme bedienen?“

Wichtigste Disziplinen beim Aufbau seines Systems sind für Novalis – wie schon gesagt – Mathematik und Poetik. In der Mathematik orientiert sich Novalis vornehmlich an der Infinitesimalmathematik von Leibniz und an Eulers Schrift „Vollständige Anleitung zur Algebra“. In der Analysis fasziniert ihn insbesondere das Wechselspiel von Endlichem und Unendlichem; in der Algebra wird für ihn statt über Wirkliches (Zahlen in der Arithmetik) nun über Unwirkliches (Buchstaben in der Algebra) eine wissenschaftliche Aussage gewonnen. Auch der konstruktiv-produktive Charakter der Mathematik wird betont [1126, S. 473]: „Die Mathematik ist ächte Wissenschaft – weil sie gemachte Kenntnisse enthält – Produkte geistiger Selbstthätigkeit – weil sie methodisch genialisirt.“

Den produktiv-spekulativen Charakter betont Novalis übrigens auch in der Poetik. Er hat damit ganz entscheidend zur neuen Dichtungstheorie der Romantik beigetragen [10, S. 242]: „Romantisiren ähnlich dem Algebraisiren“. Die entscheidend neue Komponente der romantischen Dichtungstheorie besteht darin, daß die Dichter nicht mehr die Wirklichkeit so zu beschreiben versuchen, wie sie ist, sondern daß die Dichter nun Phantasie und Freiheit voll entfalten und nutzen. Das entspricht in genauer Konsequenz der neuen Denkart Kants und ist zumindest bei Novalis in weitgehender Analogie zur Mathematik entwickelt worden.

5. Wissenschaftliche und künstlerische Erkenntnis: Broch

Hermann Broch wurde 1886 geboren. Von seinem Vater übernahm er Textilfabriken, die er bis 1927 führte und ausbaute. Schon relativ früh begann er, Gedichte, Novellen und Essays zu veröffentlichen. Das erste Gedicht von Broch erschien 1913 in Heft 3 der Zeitschrift „Brenner“ mit dem Titel „Mathematisches Mysterium“. Die erste Strophe lautet:

> Gemessen tut sich Unbewußtes auf
> Und im Unendlichen entschwebt die Welt.
> Ich fühle, wie sich Urteil fällt;
> Erstaunend folg' ich seinem Lauf.

In seinem schriftstellerischen Werk taucht Mathematik nur noch ein einziges weiteres Mal bei Broch auf: als Mathematiklehrer Zacharias in der 1938 erschienenen „Methodologische Novelle“. Dieser Gymnasialsupplent für Mathematik und Physik ist aber weder charakteristisch für Brochs Einstellung zur Mathematik noch für Struktur und Wesen von Mathematik überhaupt.

Explizit spielt also die Mathematik im schriftstellerischen Werk von Hermann Broch so gut wie keine Rolle. Der implizite Einfluß von Mathematik auf das Oeuvre ist jedoch beachtlich; auch hat sich Broch in seinen Essays vielfach mit Mathematik auseinandergesetzt – insbesondere in „Über syntaktische und kognitive Strukturen“ [Werke Bd. 7, S. 151–202].

Die Mathematik beeinflußte auch Brochs Lebenslauf. Im Jahr 1925 – also im Alter von 39 Jahren – beginnt er an der Universität Wien das Studium der Mathematik, Physik und Philosophie; die Fabriken werden 1927 verkauft. Brochs akademische Lehrer in Mathematik sind Hahn, Menger, Furtwängler und Wirtinger. Insgesamt neun Semester studiert Broch; ein Examen absolviert er nicht. Danach lebt er als freiberuflicher Schriftsteller und Essayist. 1938 emigriert Broch in die Vereinigten Staaten; dort hat er bis zu seinem Tod im Jahr 1951 gelebt und gearbeitet.

Wir hatten Novalis zitiert: „Die Trennung von Poet und Denker ist nur scheinbar – und zum Nachtheil beyder – ...“. Genau dies ist auch das zentrale Anliegen Hermann Brochs. Für ihn sind Wissenschaft und Kunst jeweils spezielle und einseitige Ausformungen von Erkenntnis. In seinem Essay „Denkerische und dichterische Erkenntnis" schreibt Broch: „Denn wissenschaftliche und künstlerische Erkenntnis sind Zweige eines einzigen Stammes, und der ist die Erkenntnis schlechthin. Und wenn es die Aufgabe der wissenschaftlichen Erkenntnis ist, zur Totalität der Welt in unendlich vielen, unendlich kleinen rationalen Schritten vorzudringen, ewig sich ihr anzunähern, niemals sie erreichend, und wenn es die Aufgabe der künstlerischen Erkenntnis ist, den von der Wissenschaft unerreichbaren „Weltrest" ahnen zu lassen, ..., und wenn diese zwiegespaltene und doppelte Aufgabe mit jeder Epoche neu anheben muß, um sich in stets neuen Stilen des Erkennens und der Kunst immer wieder abzuwandeln, es ist immer ein gemeinsamer Lebensstil, der beiden Erscheinungen zugrunde liegt, es ist in jeder Epoche der Geschichte und des Lebens die Einheit eines gemeinsamen Stils, eine Einheit, hinter der die Einheit des Logos steht." [Schriften zur Literatur 2., S. 48/49]. Auch durch eine additive Zusammenfassung der beiden Erkenntnisformen läßt sich die eigentliche Erkenntnis nicht erreichen. Vielmehr müssen beide Formen ihre traditionellen Grenzen überschreiten. Kunst muß dieselbe zwingende Gültigkeit anstreben wie Wissenschaft – Wissenschaft muß das „Ganze der Welt" mit einbeziehen. Im Idealfall gelangt man durch simultane Realisierung von Kunst und Wissenschaft zu einer einheitlichen Erkenntnis. Es ist überhaupt simultan bzw. Simultaneität einer der zentralen Schlüsselbegriffe bei Broch.

Der Idealfall ist nur schwer zu erreichen. Also muß man im Regelfall doch von einer speziellen Wissenschaft bzw. Kunstgattung ausgehen und die Brücke zur Kunst bzw. Wissenschaft aufbauen und begehen. Die dafür bestgeeignete Wissenschaft ist für Broch die Mathematik, die ideale Kunstgattung für diesen Weg ist ihm die Dichtung. Im Hinblick auf die Mathematik bei dieser Aufgabe hat Broch mit Nachdruck darauf hingewiesen, daß neben mathematischem Vorwissen auch Wissen von und über die Mathematik erforderlich sei, eine Art „Wissen der Mathematik um sich selbst". Hier müsse auch das mit beachtet werden, was innerhalb der Mathematik wegen Selbstverständlichkeit oder auch Unverständlichkeit gar nicht behandelt wird.

In seinen eigenen Publikationen hat Broch immer wieder versucht, die Grenzen zwischen Kunst und Wissenschaft zum Verschwinden zu bringen. So hat er in seinen Romanen stets die Dinge und zugleich das Wissen um die Dinge thematisiert. In seine wissenschaftlichen Abhandlungen hat er auch das Außerwissenschaftliche oder Überwissenschaftliche einbezogen. Eine aussagegültige dichterische Realisierung der von ihm der Mathematik als Musterwissenschaft zudiktierten Sonderrolle gibt es jedoch nicht.

6. Das Mathematische als Lebensform: Musil

Robert Musil wurde 1880 in Klagenfurt geboren. Im Anschluß an das mit der Ingenieurstaatsprüfung erfolgreich beendete Studium war Musil zunächst Assistent an der Technischen Hochschule Stuttgart, bevor er an der Universität Berlin ein zweites Studium in Philosophie und Psychologie aufnahm. Dieses Studium hat Musil mit einer Dissertation „Beiträge zur Beurteilung der Lehren Machs" abgeschlossen. Danach hat er als Bibliothekar, Theaterkritiker, Essayist und freier Schriftsteller gelebt – meist in Wien, zeitweise in Berlin. 1938 mußte Musil in die Schweiz emigrieren; dort ist er 1942 gestorben.

Schon während seiner Stuttgarter Assistentenzeit arbeitete Musil an dem 1906 beendeten Roman „Die Verwirrungen des Zöglings Törleß". In diesem seinem ersten schriftstellerischen Werk spielt die Mathematik bereits eine wesentliche Rolle. Das Problem „Mathematik" hat in allen Schaffensperioden für Musil seine dominante Bedeutung behalten. Wichtige Stationen sind der Aufsatz „Der mathematische Mensch" aus dem Jahre 1916 und dann sein Lebenswerk „Der Mann ohne Eigenschaften".

Ein Wandel des Interessenschwerpunkts ist unübersehbar. Im „Törleß" bilden spezielle mathematische Überlegungen Anlaß zu einer Diskussion über das Wesen der Mathematik. Im Aufsatz von 1916 wird die Bedeutung der Mathematik für unsere Zeit und ihre Kultur analysiert. Der große Roman „Der Mann ohne Eigenschaften" schließlich ist ein Plädoyer für das Mathematische als Lebensform.

„Die Verwirrungen des Zöglings Törleß" schildert Probleme und Nöte jugendlicher Entwicklung in einem Knabeninternat. Törleß schließt mit Beineberg und Reiting eine Zweckfreundschaft. Das Trio quält und peinigt den Mitschüler Basini nach allen Regeln jugendlich-pubertärer grausamer Kunst. Die Qualen, welche der arme Basini ertragen muß, werden mit beispielloser Eindringlichkeit geschildert. Der Leser weiß nun, was es heißt, gequält zu werden. Und plötzlich, im Roman geschieht der Übergang meisterhaft schlicht und nahtlos, wird Törleß gequält: nicht von Mitschülern, sondern von der Mathematik.

Im Mathematikunterricht hat Törleß die imaginären Zahlen kennengelernt, insbesondere „die Quadratwurzel aus negativ Eins“. Aber Törleß meint: „Die gibt es doch gar nicht. Jede Zahl, ob sie nun positiv ist oder negativ, gibt zum Quadrat erhoben etwas Positives. Es kann daher gar keine wirkliche Zahl geben, welche die Quadratwurzel aus etwas Negativem wäre.“ [VT, S. 77]. Für Törleß sind also Zahlen immer Elemente eines geordneten Körpers, in dem ja Quadrate stets nicht negativ sind. Die Quadratwurzel aus einer negativen Zahl ist somit für Törleß etwas Unwirkliches, beunruhigend Unheimliches. Sein Unbehagen wird noch verstärkt durch die ihm unverständliche Beobachtung, daß mit den unwirklichen Größen durchaus Gewinn für die Wirklichkeit erzielt werden kann: „Aber das Merkwürdige ist es ja gerade, daß man trotzdem mit solchen imaginären oder sonstwie unmöglichen Werten ganz wirklich rechnen kann und zum Schlusse ein greifbares Resultat vorhanden ist!“ [VT, S. 77/78].

Die Frage nach der Existenz bzw. dem Status der imaginären Zahlen ist für Törleß so bedrängend und quälend, daß er in eine echte Entwicklungskrise gerät und von einer bedrohlichen Verwirrung überwältigt wird. Die Verwirrung wird noch dadurch gesteigert, daß er keinerlei Stütze oder Hilfe erhält. Sein Mitschüler Beineberg hat für derartige Probleme kein Verständnis [VT, S. 77]: „Ich glaube, wenn man allzu gewissenhaft wäre, so gäbe es keine Mathematik“. In der Not wendet sich Törleß an seinen Mathematiklehrer. Doch der redet mit Hinweis auf zu geringe Vorkenntnisse bei Törleß und fehlende Zeit bei sich selbst in geradezu kläglicher Weise um eine Antwort herum.

Die hier im Hinblick auf Mathematik gestellten Fragen haben Musil bis an sein Lebensende beschäftigt: Was ist Wirklichkeit? – zunächst am Beispiel der Mathematik, dann jedoch ganz allgemein. Was ist das wirkliche Leben? Was ist das Leben wirklich?

Im „Törleß“ hatte Musil die Frage nach dem wirklichen Leben auf dem Weg über die Mathematik gewonnen. Der Aufsatz „Der mathematische Mensch“ weist der Mathematik auch eine Schlüsselrolle bei einer Antwort dieser Frage zu [Musil 1978; S. 1006]:

„Denn die Pioniere der Mathematik hatten sich von gewissen Grundlagen brauchbare Vorstellungen gemacht, aus denen sich Schlüsse, Rechnungsarten, Resultate ergaben, deren bemächtigten sich die Physiker, um neue Ergebnisse zu erhalten, und endlich kamen die Techniker, nahmen oft bloß die Resultate, setzten neue Rechnungen darauf und es entstanden die Maschinen. Und plötzlich, nachdem alles in schönste Existenz gebracht war, kamen die Mathematiker – jene, die ganz innen herumgrübeln – darauf, daß etwas in den Grundlagen der ganzen Sache absolut nicht in Ordnung zu bringen sei; tatsächlich, sie sahen zuunterst nach und fanden, daß das ganze Gebäude in der Luft stehe. Aber die Maschinen liefen! Man muß daraufhin annehmen, daß unser Dasein bleicher Spuk ist; wir leben es, aber eigentlich nur aufgrund eines Irrtums, ohne den es nicht entstanden wäre. Es gibt heute keine zweite Möglichkeit so phantastischen Gefühls wie die des Mathematikers." Wenig später heißt es über die Mathematiker: „eine Analogie sind sie für den geistigen Menschen, der kommen wird."

Musil erklärt im Hinblick auf die problematische Basis der Mathematik, daß wir eigentlich nur aufgrund eines Irrtums leben. Dies ist eine moderne Variante für die bereits in der Antike gewonnene Erkenntnis, daß Wissenschaft an Voraussetzungen gebunden ist; für Musil ist folgerichtig das Leben an Voraussetzungen gebunden. Dieses „setzen" im „voraus" ist nun – das hatte die Grundlagenkrise der Mathematik zu Beginn unseres Jahrhunderts deutlich gezeigt – nicht ohne Risiko, nicht ohne Gefahr des Irrtums möglich. Wissenschaft, und für Musil damit das menschliche Leben überhaupt, ist nur durch a priori vorgenommene Setzungen bzw. Entscheidungen möglich. Die Mathematik ist nun diejenige Wissenschaft, in der diese Erkenntnis besonders deutlich sichtbar wird und ständig neu Realisierung und Anwendung erfährt. Somit ist Mathematik für Musil optimales Exempel und ideale Orientierung für eine zeitgemäße, adäquate Lebensform.

In seinem Roman „Der Mann ohne Eigenschaften" hat Musil versucht, das Mathematische als Lebensform zu demonstrieren und zu realisieren: nicht nur in der Person des Mathematikers Ulrich, sondern auch im Handlungsablauf, in der lokalen Argumentation, in der Sprache usw..

Ulrich war zunächst Fähnrich in einem Reiterregiment, dann Ingenieur, bis er schließlich den entscheidenden Schritt zur Mathematik ging. Daran ist bemerkenswert, daß Ulrich im Roman nicht sogleich als Mathematiker eingeführt wird. Zunächst übt er traditionelle Berufe aus; der Wechsel von der Kavallerie zur Technik wird dabei keineswegs als spektakulär angesehen: „Aber Ulrich wechselte nur das Pferd, als er von der Kavallerie zur Technik überging; das neue Pferd hatte Stahlglieder und lief zehnmal so schnell." [MoE, S. 36]. Die Einsicht Musils, daß mit Technik nur die Oberfläche der Wirklichkeit erfaßt wird und daß allein mit Technik auch keine kreative Gestaltung der Zukunft möglich ist, bringt dann die Mathematik auf den Plan: „Es läßt sich verstehen, daß ein Ingenieur in seiner Besonderheit aufgeht, statt in die Freiheit und Weite der Gedankenwelt zu münden, obgleich seine Maschinen bis an die Enden der Erde geliefert werden; denn er braucht ebensowenig fähig zu sein, das Kühne und Neue der Seele seiner Technik auf seine Privatseele zu übertragen, wie eine Maschine imstande ist, die ihr zugrunde liegenden Infinitesimalgleichungen auf sich selbst anzuwenden. Von der Mathematik aber läßt sich das nicht sagen; da ist die neue Denklehre selbst, der Geist selbst, liegen die Quellen der Zeit und der Ursprung einer ungeheuerlichen Umgestaltung." [MoE, S. 38/39]. Musil weist also der Mathematik eine Schlüsselrolle zu – nicht so sehr im Spektrum der Wissenschaften, sondern hauptsächlich als universelles Vorbild für die Lebensgestaltung und Weltorientierung aller Menschen. Dabei läßt er keinen Zweifel, daß die Realisierung der durch Mathematik bereitgestellten Chancen alles andere als einfach ist. Sein Roman kann auch gedeutet werden als Plädoyer und Anleitung, das Mathematische als Lebensform zu erarbeiten und zu entfalten. Ein wesentliches Hindernis droht dabei aus der Mathematik selbst: „,... es ist den meisten Menschen heute ohnehin klar, daß die Mathematik wie ein Dämon in alle Anwendungen unseres Lebens gefahren ist. Vielleicht glauben nicht alle diese Menschen an die Geschichte vom Teufel, dem man seine Seele verkaufen kann; aber alle Leute, die von der Seele etwas verstehen müssen, weil sie als Geistliche, Historiker und Künstler gute Einkünfte daraus beziehen, bezeugen es, daß sie von der Mathematik ruiniert worden sei und daß die Mathematik die Quelle eines bösen Verstandes bilde ..." [MoE, S. 39/40]. Dieser verderbliche Dämon, der eben in der Mathematik auch steckt, ist nach Musil den Mathematikern selbst nicht recht bewußt: „In Unkenntnis dieser Gefahren lebten eigentlich nur die Mathematiker selbst und ihre

Schüler ..." [MoE, S. 40]. Diesem einen Aspekt der Mathematik stellt Musil nun mit Nachdruck andere charakteristische Merkmale entgegen: das auf Hypothesen basierende freie und kreative Denken, also das disziplinierte und durch Regeln kontrollierte Ausloten vielfältiger Kombinationen und Möglichkeiten. In dieser Komponente von Mathematik sind für Musil Denkformen und Orientierungsmuster angelegt, denen er exemplarischen Charakter für alle Lebensbereiche zuerkennt. Seine Sorge gilt der Gefahr, daß diese Chance vom Menschen nicht gesehen und nicht genutzt wird. Deshalb weist er auf diese Komponente der Mathematik mit Nachdruck hin: „Von Ulrich dagegen konnte man mit Sicherheit sagen, daß er die Mathematik liebte, wegen der Menschen, die sie nicht ausstehen mochten. Er war weniger wissenschaftlich als menschlich verliebt in die Wissenschaft." [MoE, S. 40]. Wenn er über die Mathematik die neue Lebensform gefunden hat, wird sie als Wissenschaft für Ulrich auch wieder entbehrlich [MoE, S. 47]: „Bei allen Heiligen!", dachte er, „ich habe doch nie die Absicht gehabt, mein ganzes Leben lang Mathematiker zu sein?"

Das entscheidend Neue ist die Abkehr vom Wirklichkeitsmenschen und Hinwendung zum Möglichkeitsmenschen. Der Mensch muß aus Freiheit unter Alternativen wählen, er muß wesentliche Aspekte seines Lebens im voraus setzen, also mit selbstbestimmten Hypothesen sein Leben entfalten und gestalten. Immer wieder betont Musil: „es hätte auch anders kommen können." [MoE, S. 131]. Die Wirklichkeit ist für ihn Möglichkeit: „... und der Mensch als Inbegriff seiner Möglichkeiten, der potentielle Mensch, ..." [MoE, S. 251].

Neben diesem hypothetischen Charakter des Lebens betont Musil, wieder mit Anlehnung an die Mathematik, die wahrscheinlichkeitsorientierte Komponente des Lebens. Die Exaktheit im Leben ist eine Utopie: „Oder man ... steht vor einer Erscheinung, von der man nicht recht weiß, ob sie Gesetz oder Zufall ist, dann wird die Sache nämlich spannend. Denn dann macht man zunächst aus seinem Haufen von Beobachtungen einen Zahlenhaufen; man macht Abschnitte – welche Zahlen liegen zwischen diesem und jenem, dem nächsten und dem übernächsten Werte? und so weiter – und bildet daraus Verteilungsreihen; es zeigt sich, daß die Häufigkeit des Vorkommens eine systematische Zu- oder Abnahme hat oder nicht; man erhält eine stationäre Reihe oder eine Verteilungsfunktion, man berechnet das Maß der Schwankung, die mittlere Abweichung von einem beliebigen Wert, den Zentralwert, den Normalwert, den Durchschnittswert, die Dispersion und so weiter und untersucht mit allen solchen Begriffen das gegebene Vorkommen." [MoE, S. 487].

In diesem Zusammenhang bringt Musil auch das Gesetz der großen Zahlen ins Spiel und setzt es in Beziehung zu der in der Philosophie beheimateten Polarität von Besonderem und Allgemeinem bzw. Einzelfall und Gesamtheit bzw. Individualität und Totalität. Nach Musil ermöglicht gerade das Gesetz der großen Zahlen trotz der in dieser Polarität gegründeten Spannung einen pragmatischen Ausgleich, eine praktikable Ordnung: „... jedenfalls ruht auf diesem Gesetz der großen Zahl die ganze Möglichkeit eines geordneten Lebens; und gäbe es dieses Ausgleichsgesetz nicht ..." [MoE, S. 489].

Wir können hier unmöglich die vielschichtigen Bezüge des Romans zur Mathematik auch nur annähernd ausschöpfen. Doch auf einen Aspekt möchten wir noch hinweisen, weil in ihm inhaltlich-kompositorische und sprachliche Komponenten zugleich wirksam werden. Zunächst sei in Erinnerung gerufen, daß das Mathematische als Lebensform zu einer hypothetischen, also auf Voraussetzungen aufbauenden Einstellung und Sichtweise führt. Dies gilt sowohl global als auch lokal. Es gilt global für langfristige und großräumige Handlungen und Argumentationen. Es gilt aber auch lokal: sogar eng begrenzte Begründungen sind an hypothetische Annahmen gebunden. Musil trägt dieser Erkenntnis in seinem Roman dadurch Rechnung, daß er eine Vielzahl lokaler Hypothesen verwendet, die folgerichtig in der sprachlichen Gestalt des Konjunktivs formuliert werden: „Die beiden Menschen, die darin eine breite, belebte Straße hinaufgingen, hatten natürlich gar nicht diesen Eindruck .... Angenommen, sie würden Arnheim und Ermelinda Tuzzi heißen ..." [MoE, S. 10]. „Denn angenommen, man dürfte ..." [MoE, S. 510]. „Er stellte sich vor, welche Wirkung es haben würde, wenn er ..." [MoE, S. 160].

7. Mathematik als Komponente eines universellen Spiels: Hesse

Hermann Hesse wurde 1877 in Calw geboren. Im Anschluß an eine Lehre in einer Buchhandlung hat er als freier Schriftsteller gelebt. Ab 1912 wohnte und arbeitete Hesse in der Schweiz, im Jahr 1923 wurde er Schweizer Staatsbürger. In seiner Wahlheimat Montagnola ist er 1962 gestorben. Hesse hat zu keiner Zeit Mathematik studiert. Um so bemerkenswerter ist, daß er in seinem großen Roman „Das Glasperlenspiel" nicht nur der Mathematik eine entscheidende Rolle in dem universellen Spiel zudiktiert, sondern auch sehr scharfsinnige und treffende Charakterisierungen von Mathematik gibt.

Der Roman besteht aus einer kurzen, im Stile einer wissenschaftlichen Abhandlung konzipierten Einführung „Das Glasperlenspiel – Versuch einer allgemeinverständlichen Einführung in seine Geschichte" und im Hauptteil aus der „Lebensbeschreibung des Magister Ludi Josef Knecht" („Josef Knecht" in gezielter Polarität zu „Wilhelm Meister"); es folgen dann noch Josef Knechts hinterlassene Schriften: Gedichte und Lebensläufe.

Hesse diagnostiziert das erste Drittel unseres Jahrhunderts als feuilletonistisches Zeitalter. In einem Brief an einen Studenten schreibt Hesse im Mai 1953: „Unter feuilletonistisch verstand ich an jener Stelle nicht eine bestimmte Form des Ausdrucks. ... meinte damit Artikel und Vorträge, die weder einem echten Trieb und Bedürfnis beim Verfasser noch beim Empfänger entspringen, sondern lediglich einem Mode-Bedürfnis." [Hesse 1986, S. 178]. Auch die Wissenschaften, so meint Hesse, seien auf ein feuilletonistisches Niveau abgeglitten: unverbindlich, zusammenhangslos, eben nicht echt und engagiert. Als Ausweg aus dieser Krise schlägt Hesse eine Besinnung auf das Gemeinsame aller Wissenschaften vor – eine neuartige Einheit der Wissenschaften. Die Organisationsform dieser Neubesinnung ist für ihn ein Spiel, genauer: das Glasperlenspiel. „Diese Regeln, die Zeichensprache und Grammatik des Spieles, stellen eine Art von hochentwickelter Geheimsprache dar, an welcher mehrere Wissenschaften und Künste, namentlich aber die Mathematik und die Musik (beziehungsweise Musikwissenschaft) teilhaben und welche die Inhalte und Ergebnisse nahezu aller Wissenschaften ausdrücken und zueinander in Beziehung zu setzen imstande ist. Das Glasperlenspiel ist also ein Spiel mit sämtlichen Inhalten und Werten unserer Kultur, ..." [G, S. 15].

Ähnliches mag auch schon Novalis vorgeschwebt haben [Novalis III, S. 123]: „Das wird die goldne Zeit seyn, wenn alle Worte – Figurenworte – Mythen – und alle Figuren – Sprachfiguren – Hieroglyfen seyn werden – wenn man Figuren sprechen und schreiben – und Worte vollkommen plastisiren, und Musiciren lernt. Beyde Künste gehören zusammen, sind unzertrennlich verbunden und werden zugleich vollendet werden."

Eine konkrete Spielbeschreibung für sein Glasperlenspiel gibt Hesse nicht; in seinem Nachlaß wurde eine handschriftliche Notiz gefunden, in der Hesse zu dieser Frage Stellung nimmt: „Schilderung des Spiels: ‚Nicht leicht anschaulich zu beschreiben, da so kompliziert und außerdem so noch gar nicht erfunden.'" [Vgl. Field 1968, S. 674]. Dies ist nun ein von Hesse mit Bedacht gewähltes Kompositionsprinzip für seinen Roman: für eine anschauliche Realisierung des Glasperlenspiels gibt er nicht einmal Andeutungen; ausführlich geschildert und analysiert werden nur Intentionen und Wirkungen des Spiels – auch Fehlentwicklungen. Dies sei durch Schilderung einiger Passagen des Romans verdeutlicht.

Der Ursprung des Spiels findet sich etwa 1930 im Bereich der Musik. Von da ab hat es sich in einem langen Entwicklungsprozeß zu der Gestalt entwickelt, wie sie Josef Knecht vorfindet und weiter entfaltet – abgeschlossen wird der Entwicklungsprozeß nie.

Nach den Musikern nehmen sich die Mathematiker des Spiels an: „Kaum zwei, drei Jahrzehnte später scheint das Spiel unter den Musikstudenten an Beliebtheit eingebüßt zu haben, dafür aber von den Mathematikern übernommen worden zu sein, und lange Zeit blieb das ein kennzeichnender Zug in der Geschichte des Spieles, daß es stets von derjenigen Wissenschaft bevorzugt und benutzt und weitergebildet wurde, welche jeweils eine besondere Blüte oder Renaissance erlebte. Bei den Mathematikern wurde das Spiel zu einer hohen Beweglichkeit und Sublimierungsfähigkeit gebracht und gewann schon etwas wie ein Bewußtsein seiner selbst und seiner Möglichkeiten ...". [G, S. 34]. Hier muß mit Nachdruck festgehalten werden, daß Hesse als Charakteristikum für Mathematik nicht die viel strapazierte Exaktheit und auch nicht das Klischee von Aufgaben und Lösungen oder Sätzen und Beweisen bemüht, sondern daß er mit Beweglichkeit und Sublimierungsfähigkeit genau jene Merkmale nennt, die unter Mathematikern als typisch für ihre Wissenschaft in jener Zeit angesehen wurden und angesehen werden.

Darüber hinaus zeigt diese Passage des Glasperlenspiels besonders deutlich System und Methode jener Verwendung von Mathematik, wie sie nicht nur von Hesse, sondern von allen Autoren praktiziert wird. Am Beginn von Passagen mit mathematischen Bezügen stehen weder Definitionen noch Charakterisierungen der Mathematik; vielmehr wird beim Leser ein ganz bestimmtes Verständnis von Mathematik vorausgesetzt. Dieses dem Leser unterstellte Basiswissen wird sodann wie selbstverständlich genutzt. Erst aus der Art und Intention der Verwendung von Mathematik können dann Rückschlüsse auf die stillschweigend übernommene Auffassung von Mathematik gezogen werden. Hesse teilt dem Leser ganz schlicht und ohne zusätzliche Verständnishilfe mit, daß das Spiel bei den Mathematikern hohe Beweglichkeit und Sublimierungsfähigkeit gewann – der mathematische Kontext, in den allein sich dieser kurze Hinweis einfügen läßt, muß beim Leser verfügbar sein oder aber von ihm nachträglich geschaffen werden.

Die Beteiligung möglichst vieler Disziplinen am Glasperlenspiel ist notwendig, aber doch nur ein Durchgangsstadium [G, S. 38]: „Was nun dem Glasperlenspiel zu jener Zeit noch fehlte, das war die Fähigkeit zur Universalität, das Schweben über den Fakultäten.“ Diese Universalität – oder wohl doch besser: Interdependenz – wird dann jedoch auch in das Spiel mit eingebracht. So erfährt der Leser recht genau, was das Spiel leistet bzw. leisten soll: in ein wahrhaft universelles Spiel können sämtliche Einzeldisziplinen ihre spezifischen Eigenheiten und die für sie typischen Interdependenzen mit anderen Disziplinen als Beitrag mit einbringen – sie gestalten mit und profitieren von einer in gemeinsamem Spiel sich öffnenden Einheit. Diese Einheit besagt nicht, daß alle Disziplinen an der für die jeweilige Epoche charakteristischen Ausformung des Spiels gleichrangig beteiligt sind. Vielmehr betont Hesse ausdrücklich, daß jeweils diejenige Wissenschaft das Spiel prägt und weiterbildet, die gerade „eine besondere Blüte oder Renaissance erlebt.“ Im Roman erfahren wir darüber hinaus, daß im mittleren Drittel des zwanzigsten Jahrhunderts nicht Philosophie und Dichtung, sondern Musik und Mathematik die führenden Wissenschaften und deshalb für das Glasperlenspiel von besonderer Bedeutung sind. Auch hier wird diese zentrale Rolle der Mathematik nicht zuvor begründet, sondern als selbstverständliches Faktum genannt und genutzt.

Der Roman „Das Glasperlenspiel“ erschien erstmals 1943. Seither gibt es eine Vielfalt von Interpretationen und Deutungen. Auf zwei Beiträge dieser Art soll noch kurz eingegangen werden. Eigen und Winkler haben Glasperlenspiele konkret angegeben [Eigen–Winkler, 1973/74]. Es handelt sich, das soll nicht verschwiegen werden, um raffiniert konzipierte Urnenspiele. Allerdings meinen wir, daß Hesses Intention dadurch doch verfälscht wird. Jedes konkrete Spiel kann eben nur Einzelaspekte berücksichtigen; der universelle Charakter des Glasperlenspiels läßt sich nicht anschaulich darstellen. Jedes Beispiel trifft nur einen kleinen Ausschnitt des eigentlichen Spiels.

A. Borst hat in seiner umfangreichen Studie über das mittelalterliche Zahlenkampfspiel „Rithmimachie“ darauf hingewiesen, daß eben dieses Spiel von Hesse als Exempel eines Glasperlenspiels hätte herangezogen werden können: „... übersah er [Hesse] ohne Zweifel die erfolgreichste Verwirklichung seines Traums, die Rithmimachie, ein mathematisch-musikalisches Spiel, das vor dem Zeitalter Abaelards Gestalt gewonnen und ein halbes Jahrtausend lang die gebildete Elite Europas begeistert hatte.“ [Borst 1986, S. 9]. Es soll nicht bestritten werden, daß Hesse bei der Konzeption und Ausgestaltung seines Glasperlenspiels die Rithmimachie übersehen haben mag. Doch bei allem Respekt für die Attraktivität des Zahlenkampfspiels: eine Verwirklichung des Glasperlenspiels kann es nicht sein. Denn es handelt sich hier eben um ein mathematisch-musikalisches Spiel, und nicht, wie beim Glasperlenspiel, um ein universelles Spiel, das in der Mitte des zwanzigsten Jahrhunderts aus zeitbedingten Gründen von Musik und Mathematik dominiert wird. Hesse hat über sein Glasperlenspiel gesagt: „so noch gar nicht erfunden“; das gilt auch weiterhin.

8. Formen und Grenzen des Wissens: Frisch

Max Frisch wurde 1911 in Zürich geboren. Zunächst studierte er zwei Jahre Germanistik an der Universität Zürich. 1936 begann er an der Eidgenössischen Technischen Hochschule in Zürich mit dem Studium der Architektur, das er 1941 mit der Diplomprüfung beendete; anschließend eröffnete er in seiner Heimatstadt ein Architekturbüro. Bereits 1934 veröffentlichte Frisch seinen ersten Roman. Sowohl während seines Studiums als auch neben seiner Tätigkeit als Architekt hat er ständig auch als Schriftsteller gearbeitet und publiziert. Das Architekturbüro hat er 1954 aufgelöst; seither lebt er als freier Schriftsteller.

Im Hinblick auf Mathematik verdienen zwei literarische Werke von Frisch besondere Bedeutung: die 1953 uraufgeführte Komödie „Don Juan oder die Liebe zur Geometrie“ sowie der 1957 veröffentlichte „Homo Faber“, ein Werk in Prosa, das sich der Klassifikation durch die gängigen Begriffe Erzählung, Novelle, Roman, Tagebuch entzieht. Frisch selbst hat seinem Homo Faber den Untertitel „Ein Bericht“ beigegeben.

Die Gestalt des Don Juan hat Dichter und Musiker seit dem 17. Jahrhundert zu immer neuen Realisierungen und Deutungen angeregt. Dabei erscheint Don Juan fast durchweg als zwar erfolgreicher, aber unsteter und frevelhafter Lebemann, der mit der Höllenfahrt die konsequente und angemessene Strafe erfährt. Bei Frisch jedoch wird in der Person des Don Juan ein zentrales Problem unseres Jahrhunderts thematisiert: die Wissenschaften dominieren mit ihrem Anspruch zwingenden und allgemeingültigen Wissens zunehmend unsere Lebenswelt; doch zugleich mit der Expansion der Wissenschaften wird immer deutlicher, daß sich zentrale Bereiche der menschlichen Existenz dem Zugriff der Wissenschaften entziehen. Genau diese Polarität wird von Frisch in seinem Don Juan aufgezeigt. Es geht insbesondere um qualitative Formen des Wissens. Unbedingtes und zwingendes Wissen findet Don Juan in der Geometrie: „wo ich weiß, was ich weiß“ [DJ, S. 17]. In der Geometrie erfährt er „... das nüchterne Staunen vor einem Wissen, das stimmt.“ [DJ, S. 48]. „Weißt du, was ein Dreieck ist? Unentrinnbar wie ein Schicksal: es gibt nur eine einzige Figur aus den drei Teilen, die du hast, und die Hoffnung, das Scheinbare unabsehbarer Möglichkeiten, was unser Herz so oft verwirrt, zerfällt wie ein Wahn vor diesen drei Strichen. So und nicht anders! sagt die Geometrie.“ [DJ, S. 48/49]. Diesem Erlebnis exakten Wissens und absoluter Wahrheit stellt Don Juan das Geständnis des Nicht-Wissens im Bereich zwischenmenschlicher Beziehung und Begegnung zur Seite: „Ich weiß nicht, wen ich liebe“ [DJ, S. 33]. „Woher weißt du es, wen du liebst?“ [DJ, S. 16]. Dieser Gedanke der Unwissenheit wird von der Beziehung zum anderen Menschen auch auf die Beziehung des Menschen zu sich selbst übertragen: „da wir nicht wußten, wer wir sind“ [DJ, S. 32]“ ... wenn wir wissen werden, wer wir sind ...“ [DJ, S. 51]. Ein Wissen wie in der Geometrie gibt es für den Umgang von Mensch mit Mensch nicht, dort haben andere Formen des Wissens Geltung: Überzeugung, Vertrauen, Glaube. Gerade diese Polarität zwischen intersubjektivem Wissen und subjektiver Gewißheit will Frisch in seiner Komödie aufzeigen, er demonstriert diese Polarität an der Geometrie einerseits und der Liebe andererseits. Konsequenterweise ist Don Juan bei Frisch kein strahlender Eroberer sondern ein zaudernder Intellektueller.

Die Grundproblematik des Don Juan hat Frisch auch für seinen Bericht „Homo Faber“ als kompositorisches Prinzip übernommen: hier wird sie als Polarität Wissen–Fügung bzw. Wissen–Schicksal entfaltet. Der Erzähler Faber ist Techniker von Beruf; seine geistige Haltung und Einstellung ist dabei wesentlich durch Mathematik bestimmt. Die Mathematik ist ihm Garant zwingenden Wissens und bietet im Prinzip die Möglichkeit, jedes Problem zu lösen: „Ich war nicht imstande, alles zugleich in meine Rechnung zu nehmen; aber irgendeine Lösung, fand ich, muß es immer geben.“ [HF, S. 159]. Der Computer wird ihm künftig wertvolle zusätzliche Hilfe leisten, denn „... eine Aufgabe, die bisher das ganze Leben eines Mathematikers erfordert hätte, wird in Stunden gelöst ...“ [HF, S. 75]. Faber ist überzeugt von der Lösbarkeit aller Probleme, von der rationalen Bewältigung aller Lebensbereiche – ganz ausdrücklich lehnt er jede Art von Fügung und Schicksal ab: „Ich glaube nicht an Fügung und Schicksal, ...; Mathematik genügt mir.“ [HF, S. 22]. Auch als er wiederholt die Erfahrung machen muß, daß es Ereignisse gibt, die nicht rational vorhersehbar und erklärbar sind, wehrt er sich nach wie vor gegen jede Fügung und deutet das Schicksal mit stochastischen Denkformen, also wiederum mit Mathematik: „Wieso Fügung! Es hätte auch ganz anders kommen können.“ [HF, S. 73]. „Es war wieder ein purer Zufall, was die Zukunft entschied. nichts weiter ...“ [HF, S. 63]. „Ich glaube nicht an Fügung und Schicksal, als Techniker bin ich gewohnt mit den Formeln der Wahrscheinlichkeit zu rechnen.“ [HF, S. 22].

Eins der Hauptanliegen von Max Frisch in seinem Bericht „Homo Faber“ besteht offensichtlich darin, die Einseitigkeit und

Grenzen wissenschaftlichen Wissens aufzuzeigen. Zwingendes Wissen ist in den Wissenschaften unerläßlich und unantastbar, aber es bleibt in dieser absoluten und objektiven Form auf den Bereich der Wissenschaften begrenzt. In anderen Bereichen des menschlichen Lebens herrscht deshalb jedoch nicht chaotische Unwissenheit oder unwissendes Chaos: hier fungieren andere Formen des Wissens als tragender Grund des Denkens und Handelns.

IV. Religion und Mathematik

1. Einführung

Kronecker hat in einem Vortrag bei der Berliner Naturforscher-Versammlung im Jahr 1886 den seither viel zitierten Satz geprägt: „Die natürlichen Zahlen hat der liebe Gott gemacht, alles andere ist Menschenwerk." Diese Aussage steht in einer langen Tradition; sie ist eine mögliche Antwort auf die Frage nach dem Anteil göttlicher Schöpfung und dem Anteil menschlicher Schöpfung von Mathematik. Diese Frage kann weder aus der Mathematik noch mit Religion zwingend beantwortet werden; sie kann (sollte !) überhaupt nicht abschließend beantwortet werden.

Die Frage nach Gottes Anteil und Menschenwerk in der Mathematik ist keineswegs das einzige Berührungsfeld zwischen Religion und Mathematik. Ein zentrales Thema dieser Beziehung war und ist das Verhältnis von Glauben und Wissen. Dieses Verhältnis ist in der Vergangenheit von den Wissenschaften oft in unglücklicher Weise belastet worden. Endgültig sollte Abschied genommen werden von dem Vorurteil, daß die Dualität Glauben – Wissen kongruent zur Polarität ungenau – genau ist. Es sind Wissen und Glauben zwei unterschiedliche Arten der Weltorientierung. Eine zwar provokative, doch durchaus ernst gemeinte These: in der Mathematik glaubt man zu wissen – in der Religion weiß man zu glauben.

2. Religion und Mathematik in der Antike

Mathematik hat es schon in vorgriechischer Zeit gegeben; ebenso wurde auch die religiöse Grundfrage nach Schöpfung und Schöpfer nicht erst in der klassischen Antike gestellt. Aber solange Mathematik von konkreten Objekten (Felder, Kanäle) oder konkreten Situationen (Verteilung von Broten an die Schiffsbesatzung) handelte und religiöse Fragen im Medium der Kosmogonie durchdacht wurden, konnten sich Beziehungen zwischen Religion und Mathematik nicht ergeben.

Das änderte sich in der klassischen Antike, und zwar durch einen Wandel sowohl von Mathematik als auch von Religion. Die religiöse Grundfrage nach der Schöpfung wurde aus dem Bereich der Kosmogonie herausgenommen und nun innerhalb der Ontologie neu gestellt. Statt nach Anfang und Genese der Welt fragte man nun nach Struktur und Bauplan der Welt. Die Mathematik wurde in der Antike aus dem Stadium konkreter Aufgabenartistik in den Status einer Wissenschaft übergeführt. Nach Entdeckung des Allgemeinen und der Abstraktion waren nicht mehr Kanäle und Brote, sondern Zahlen, Proportionen und Konfigurationen Objekte der Mathematik.

Die neue Frage nach Bauplan und Architektonik der Welt war eine religiöse Frage. Antworten auf diese religiöse Frage wurden in der Antike in Sprachen und Begriffen der Wissenschaft versucht. Bei den Pythagoreern galt dabei Mathematik als bestgeeignete Wissenschaft, die religiöse Grundfrage zu beantworten.

Für die Pythagoreer erschließt sich dem Menschen das Göttliche nur auf mathematischem Weg. Bei ihnen hat die Welt einen mathematischen Bauplan: das Sein ist nach geometrischem Raster strukturiert, alles in der Welt ist nach Zahl und Maß geordnet. So sagt der Pythagoreer Philolaos: „Denn groß und vollkommen vollendet und alles bewirkend und göttlichen und himmlischen sowie menschlichen Lebens Anfang sowie Anteil nehmende Führerin ist die Kraft der Zahl ..." [Die Vorsokratiker I, S. 145ff]. Aristoteles schreibt über die Pythagoreer: „... da sie dazu noch in den Zahlen die Affektionen und Verhältnisse der «Harmonien» erblickten, weil sie also glaubten, alle anderen Dinge glichen ihrer ganzen Natur nach den Zahlen und die Zahlen seien das Erste in der ganzen Natur, nahmen sie an, daß die Elemente der Zahlen die Elemente aller Dinge seien ..." [Metaphysik 986a]. Wir erkennen also bei den Pythagoreern eine sehr enge Bindung von Religion und Mathematik. Bei ihnen war folglich die Beschäftigung mit Mathematik zugleich Dienst an Gott, also Gottesdienst.

Die enge Beziehung zwischen Mathematik und Religion wurde auch von Platon in sein philosophisches System eingearbeitet. Im Dialog Politeia (525–527) etwa führt Arithmetik die Seele in Gottes Nähe und die Geometrie gibt Auskunft über das von Gott geschaffene unwandelbare Sein.

Diese Anbindung von Mathematik an religiös-ontologische Grundmuster der Weltorientierung hat Rang, Ansehen und Entwicklung der Mathematik in der Antike außerordentlich stark gefördert. Jedoch impliziert diese enge Verzahnung auch, daß Beobachtungen und Annahmen in einem Bereich zwangsläufig in den anderen Bereich hineinstrahlen. Das soll an zwei Beispielen kurz exemplarisch erläutert werden.

Die auf Maß und Zahl ausgerichtete Weltdeutung der Pythagoreer geriet in ernste Konflikte, als in der Mathematik die Inkommensurabilität entdeckt wurde. Die Beobachtung bestand ja eigentlich nur darin, daß in der Mathematik gewisse Relationen nicht durch natürliche Zahlen beschrieben werden können. Damit war dann aber die Deutung, daß alle vom Schöpfer gestifteten Relationen an Zahlen orientiert sind, nicht mehr uneingeschränkt aufrecht zu erhalten. Die Entdeckung eines mathematischen Phänomens hatte also entscheidende Konsequenzen für das religiöse Weltbild.

Umgekehrt gab es auch Konsequenzen der religiös-ontologischen Grundauffassung für die Mathematik. Nach Parmenides waren wissenschaftliche, wahre Aussagen nur über unwandelbares Sein möglich. Mit den Zahlen wurde also Seiendes gezählt oder gemessen. Nichtseiendes konnte nicht Gegenstand von Wissenschaft werden, wurde also weder gezählt noch vermessen. Die Zahl Null bzw. die leere Menge konnte sich folglich in der antiken Mathematik nicht etablieren. Recht eindringlich wird dies von Platon im Dialog Sophistes erläutert [238a–c]:

„*Fremder:* Wollen wir aber auch zugeben, es sei möglich, daß dem Nichtseienden irgend Seiendes zukäme?
Theaitetos: Wie sollten wir!
Fremder: Alle Zahl insgesamt setzen wir doch als seiend?
Theaitetos: Wenn anders irgend etwas als seiend zu setzen ist.
Fremder: So dürfen wir denn nicht wagen, weder eine Mehrheit von Zahl, noch auch die Eins dem Nichtseienden beizulegen.
Theaitetos: Freilich täten wir nicht recht daran, wie es scheint, dies zu wagen nach dem, was unsere Rede aussagt.
Fremder: Wie könnte nun wohl jemand ohne Zahl das Nichtseiende auch nur mit dem Munde aussprechen oder überhaupt in seinen Gedanken auffassen?
Theaitetos: Woher das?
Fremder: Wenn wir Nichtseiende sagen, legen wir da nicht eine Mehrheit der Zahl hinein?
Theaitetos: Allerdings.

Fremder: Und wenn Nichtseiendes, dann wiederum die Eins?
Theaitetos: Ganz gewiß.
Fremder: Und wir sagen doch, es sei weder recht noch billig, daß man Seiendes mit dem Nichtseienden zusammenzufügen suche.
Theaitetos: Du sprichst vollkommen wahr.
Fremder: Siehst du also, wie ganz unmöglich es ist, richtig das Nichtseiende auszusprechen oder etwas davon zu sagen oder es auch nur an und für sich zu denken; sondern wie es etwas Undenkliches ist und Unbeschreibliches und Unaussprechliches und Unerklärliches?
Theaitetos: Auf alle Weise freilich."

Ein Kulturkreis, dessen Religion die Verneinung des Seins als Denkform enthält, hat keinerlei Probleme mit der Konstitution der Zahl Null. So kam die Null erst von Indien über die Araber in unsere Kultur hinein.

3. Arithmetik als Argument im Gottesbeweis: Augustin

Gottesbeweise haben eine lange Tradition; seit mehr als zweitausend Jahren wird über Gottesbeweise nachgedacht, werden überlieferte Argumentationen geprüft und zum Teil verworfen, werden neue Beweise erdacht. Der älteste bekannte Gottesbeweis findet sich in Platons Nomoi; ein erst in den letzten Jahren bekannt gewordener Beweis stammt von Gödel aus dem Jahr 1970. Damit wird deutlich, daß die Thematik auch in unserem Jahrhundert noch aktuell ist. Worin liegen überhaupt Intention und Faszination von Gottesbeweisen begründet? Bei allen Unterschieden haben sämtliche Beweise ein gemeinsames Ziel: sie wollen das Dasein Gottes beweisen, also einen Existenzbeweis erbringen. Insbesondere Mathematiker sind gut beraten, vor einem Studium von Gottesbeweisen eine Besinnung auf Beweise überhaupt und insbesondere über Existenzbeweise einzuschieben.

In der Mathematik gibt es zahlreiche Existenzbeweise; zum Beispiel den Existenzsatz von Peano in der Theorie der Differentialgleichungen, den Satz über die Existenz einer algebraisch abgeschlossenen Hülle eines Körpers, den Existenzsatz von Hahn-Banach in der Funktionalanalysis, den Satz über die Existenz der Primfaktorzerlegung. Stets wird behauptet und bewiesen, daß etwas existiere. Was heißt hier Existenz und wie steht es um Voraussetzungen?

In Hegels Vorlesungen über die Beweise vom Dasein Gottes wird sehr dezidiert aufgezeigt, daß es zwei ganz verschiedene Auffassungen von Beweis gibt: einmal den schließenden Beweis, also die Deduktion – sodann einen Beweis durch Weisen, Aufweisen, Vorzeigen, Nachvollziehen usw. Alle deduktiven Beweise gehen von Voraussetzungen aus, führen also zu wenn-dann-Aussagen. Bei der heute üblichen axiomatischen Auffassung von Mathematik sind alle mathematischen Existenzbeweise von diesem Typ. Durch Existenzbeweise wird also in der Mathematik nicht die Existenz ad hoc nachgewiesen, sondern: wenn diese und jene Annahmen zugrunde gelegt werden, dann läßt sich auf die Existenz schließen. In Wahrheit ist also die Existenz immer schon in die Annahmen auf versteckte oder verdeckte Weise hineingenommen und wird durch den als Schluß durchgeführten Existenzbeweis nur noch transparent gemacht. Damit wird die Mathematik in keiner Weise entwertet; nur ist es auch für Mathematiker von Zeit zu Zeit ratsam, sich über die Tragweite von Existenzbeweisen in ihrer Wissenschaft Klarheit zu verschaffen.

Alle Beweise vom Dasein Gottes, über die wir hier berichten werden, sind deduktive Beweise, gehören also zu wenn-dann-Aussagen. Man darf daher von ihnen nicht mehr – allerdings auch nicht weniger – als von mathematischen Existenzbeweisen erwarten.

Mit Nachdruck sei zunächst in Erinnerung gerufen: zu keiner Zeit sind Gottesbeweise erdacht oder vorgetragen worden, um Atheisten (doch noch) von der Existenz Gottes zu überzeugen. Die Beweise waren immer für Gläubige gedacht. Recht überzeugend hat dies Hegel in seinen Vorlesungen erläutert: die Erhebung des denkenden Geistes zu Gott, also der Glaube, ist in der Natur unseres Geistes notwendig begründet und enthalten – dies ist nicht Gegenstand des Beweises, oder mit Hegel gesprochen „diese Erhebung ... beweist sich an ihr selbst." Die Aufgabe des Gottesbeweises sieht Hegel in der Analyse dieser prozeßhaften Erhebung: „wir haben nur ihrem eigenen Prozesse zuzusehen." Dieser Prozeß wird nun bei fast allen Gottesbeweisen als Deduktion dargestellt. Für eine Beurteilung und insbesondere vor einer Kritik muß man dabei stets das

Ganze, also Prämisse, Ableitung und Konklusion als eine Einheit in den Blick nehmen.

Augustin (354–430) philosophierte in der Tradition Platons. Er übernahm die platonische Ontologie, ergänzte sie jedoch durch Grunderfahrungen des Christentums. So wurde bei Augustin aus der Welt der Ideen Gottes Welt. In Buch 2 von „De libero arbitrio" trägt Augustin seinen Gottesbeweis vor. Euodius und Augustinus führen einen Dialog. Sie haben sich gerade darauf verständigt, daß die Vernunft das höchste Gut des Menschen sei. Dann folgt [Augustinus 1962; S. 137ff]:

Augustinus: Also überlege, ich bitte dich, ob du im Wesen des Menschen etwas Erhabeneres ausfindig machen kannst als die Vernunft.

Euodius: Nein, etwas Besseres sehe ich nicht.

Augustinus: Wie nun, wenn wir etwas finden können, was zweifellos nicht nur ist, sondern auch noch unsere Vernunft überragt, wirst du dann Bedenken tragen, dies, was es auch sein mag, Gott zu nennen?

Euodius: Ich möchte doch nicht ohne weiteres etwas Gott heißen, was dem Besten meines Wesens noch überlegen ist. Denn mir scheint, man sollte Gott nicht das nennen, dem meine Vernunft untergeordnet, sondern dem nichts übergeordnet ist.

Es handelt sich hier um die Vorbereitung eines Schlusses für das Dasein Gottes. Dabei ist methodisch sehr bemerkenswert, daß sich die Dialogpartner zunächst darüber zu verständigen suchen, wie und womit der Beweis als geführt gilt. Allerdings erzielen sie bislang keinen Konsens. In mathematischer Terminologie: Augustinus schlägt vor, eine (jede?) echte obere Schranke der menschlichen Vernunft Gott zu nennen; Euodius jedoch stellt die schärfere Forderung nach einem maximalen Element. Augustinus versucht nun, Euodius von dessen starker Forderung abzubringen:
„Wenn du findest, daß unserer Vernunft nur das überlegen ist, was ewig und unwandelbar ist, wirst du auch dann bedenken tragen, dies Gott zu nennen? .... Wenn sie [die Vernunft] ... allein durch sich selbst etwas Ewiges und Unwandelbares erblickt, dann muß sie beides zugeben, daß sie selbst diesem unterlegen, und daß dies ihr Gott ist."

Euodius jedoch beharrt auf seiner Forderung und antwortet kurz und bündig:
„Ich kann nur das als Gott anerkennen, dem unzweifelbar nichts überlegen ist“.
Nun lenkt Augustinus ein in Richtung auf den Nachweis der Maximalität:
„Gut so. Es wird also genügen, wenn ich zeige, daß es etwas gibt, von dem du einräumen mußt, daß es entweder selbst Gott ist, oder aber, daß das, was diesem etwa noch überlegen sein sollte, Gott ist.“

Diese Passage ist allein schon deshalb aufschlußreich, als sie deutlich zeigt, wie wichtig bei deduktiven Beweisen eine vorgängige Klärung der Voraussetzungen und Schlußregeln ist. Es ist eben ein gehöriger Unterschied, ob man den Nachweis einer echten oberen Schranke oder eines maximalen Elementes erbringen möchte bzw. muß.

Im weiteren Verlauf des Dialogs weist Augustinus wirklich nur die Existenz einer echten oberen Schranke nach. Dabei ist für uns von Interesse, wie er diesen Nachweis führt. Er geht davon aus, daß Vernunft wandelbar ist. Weiter ist für ihn selbstverständlich, daß jedes Unwandelbare jedem Wandelbaren überlegen ist. Also hat er eine echte obere Schranke der Vernunft gefunden, wenn er Unwandelbares nachweist. Dies wiederum wäre geleistet, wenn eine Invariante aller individuellen menschlichen Vernunft ausfindig zu machen ist. Nach diesen Vorbereitungen liefert Augustinus nun die unwandelbare Invariante in Gestalt arithmetischer Gesetzmäßigkeiten. „... aber 7 und 3 sind 10 und zwar nicht nur jetzt, sondern immer, und unmöglich waren 7 und 3 irgendwann einmal nicht 10 oder werden sie irgendwann nicht 10 sein.“ Auf eine kurze Formel gebracht lautet Augustins Argumentation: Es gibt zeitlos gültige arithmetische Wahrheiten, also existiert Gott; weil es Mathematik gibt, gibt es auch Gott. Später wird Descartes gerade den umgekehrten Schluß propagieren: weil es Gott gibt, gibt es auch Mathematik.

In Augustins Überlegungen fehlt jeder Hinweis auf die Eindeutigkeit Gottes. Ganz offensichtlich war die Ordnung „erhabener als“ für ihn eine lineare Ordnung.

4. Der erste logische Gottesbeweis: Thomas von Aquin

Augustin philosophierte in der Tradition Platons. Thomas von Aquin (1225–1274) hingegen übernimmt viele aristotelische Denkformen in sein Werk. So stehen etwa die Begriffspaare Form–Stoff, Möglichkeit–Wirklichkeit im Zentrum der Lehre sowohl bei Aristoteles als auch bei Thomas von Aquin. Auch lehnen beide das aktual Unendliche ab und akzeptieren lediglich das potentiell Unendliche.

In der „Summe der Theologie" verwirft Thomas zunächst jenen Gottesbeweis, in dem als entscheidendes Argument für die Existenz Gottes gilt: „das, dem gegenüber ein Größeres nicht bezeichnet werden kann." [Th. v. Aquin 1985, S. 18]. Genau in dieser Weise hatte aber Augustin argumentiert und später auch Anselm v. Canterbury. Für Thomas kann ein Gottesbeweis überhaupt nicht direkt – oder wie er sagt: durch die Ursache – erbracht werden; für ihn kommt nur ein indirekter Beweis in Betracht, in dem aus den beobachtbaren Wirkungen bzw. Bewegungen auf Gott als erste Ursache aller Wirkung bzw. Bewegung deduktiv geschlossen wird: „Wo nämlich irgend welche Wirkung uns offenkundiger ist als ihre Ursache, beginnen wir bei der Wirkung und schreiten zur Kenntnis der Ursache vor ... da Wirkungen von einer Ursache abhängen, das Vordasein einer Ursache notwendig wird. Daß es einen Gott gibt, ist daher, soweit es von uns aus gesehen nicht an und für sich kund ist, beweisbar durch uns bekannte Wirkungen." [Th. v. Aquin 1985, S. 21]. Damit stellt sich Thomas auch im Hinblick auf die Gottesbeweise in die Tradition des Aristoteles; jener hatte die Existenz eines ersten, unbewegten Bewegers nachzuweisen versucht:

„Das Prinzip und der Ursprung dessen, was ist, ist unbewegt sowohl an sich als auch im akzidentellen Sinn; es ist aber Ursache der ersten, ewigen und einheitlichen Bewegung. Das, was bewegt wird, muß aber von etwas anderem bewegt werden, und das erste Bewegende muß selbst unbewegt sein, und da die von ihm veranlaßte Bewegung ewig und einheitlich ist, muß es auch selbst ewig und einheitlich sein." [Metaphysik, 1073a].

Thomas von Aquin führt in seiner „Summe der Theologie" gleich fünf Gottesbeweise aus, jedoch alle nach ähnlichem Muster. Sein erster Beweis arbeitet mit dem Begriff der Bewegung; in der Übersetzung von Bernhart wird häufig auch „Wegung" gesagt. An entscheidender Stelle heißt es – man beachte die Verwandtschaft zu Aristoteles – [Th. v. Aquin 1985, S. 23ff]: „Es ist nämlich gewiß ..., daß manches in dieser Welt sich wegt. Alles aber, was in Wegung ist, wird von einem anderen gewegt. .... Es ist also unmöglich, daß etwas ein und demselben Betracht nach und in ein und derselben Weise bewegend und bewegt ist oder sich selbst wegt. Alles also, was gewegt wird, braucht ein anderes, um gewegt zu werden. Falls also das, wovon es gewegt wird, sich wegt, so braucht dies selbst ein anderes, um gewegt zu werden, und das wieder eins. Dabei kann man aber nicht ins Unendliche gehen, weil es dann kein Erstwegendes gäbe und infolge davon nicht irgend eins, das ein anderes wegte, weil die wegenden Zweitheiten nur dadurch wegen, daß sie von einem ersten Wegenden gewegt sind, gerade wie der Stock nur dadurch anwegt, daß er mit der Hand bewegt wird. Man muß also notwendigerweise zu einem Erstwegenden hinkommen, das von keinem gewegt wird, und darunter verstehen alle Gott."

In neuerer Zeit hat man sich um logische Rekonstruktionen der Gottesbeweise des Thomas von Aquin bemüht. Damit soll insbesondere der logische Kern der Beweisführung klar herausgestellt werden. Diese Bemühungen sind in dem größeren Rahmen zu sehen, den Beitrag der Scholastik zur Logik ins rechte Licht zu rükken.

Wir schildern zunächst in vereinfachter Form eine Rekonstruktion, wie sie von Bendiek vorgeschlagen worden ist. Zentraler Begriff dabei ist „... wird von ... bewegt".

xBy steht für „y wird von x bewegt".

Aus dem Text von Thomas entnimmt nun Bendiek die folgenden Sätze (man vergleiche II.3).

φ_1: $\exists x \exists y\, xBy$
Es gibt Dinge, die von (anderen) Dingen bewegt werden.

φ_2: $\forall x \forall y (xBy \rightarrow \neg\, yBx)$
Wird y von x bewegt, so wird x nicht von y bewegt.

φ_3: $\neg\, \forall y (\exists x \neg\, (x = y) \wedge xBy)$
In der Ordnung der bewegten Dinge darf man nicht ins Unendliche gehen; nicht jedes Ding wird von einem anderen bewegt.

φ_4: $\forall x \forall y\, (x = y \lor xBy \lor yBx)$
Zwei Dinge sind entweder gleich oder y wird von x bewegt oder x wird von y bewegt.

Ziel ist der Nachweis, daß es genau einen ersten Beweger gibt, also ein Ding, das zwar selbst nicht bewegt wird, das aber die Bewegung aller anderen Dinge veranlaßt. Wir formulieren Existenz und Eindeutigkeit getrennt.

ψ_1: $\exists z (\forall y \neg (z = y) \to zBy)$
Es gibt mindestens einen ersten Beweger.

ψ_2: $\forall z_1 \forall z_2 [\forall y (\neg (z_1 = y) \to z_1 By) \land (\neg (z_2 = y) \to z_2 By)] \to z_1 = z_2$
Es gibt höchstens einen ersten Beweger.

In der Sprache der mathematischen Logik gilt nun in der Tat, daß $\{\psi_1, \psi_2\}$ eine logische Folgerung von $\{\varphi_1, \varphi_2, \varphi_3, \varphi_4\}$ ist; man schreibt dies als $\{\varphi_1, \varphi_2, \varphi_3, \varphi_4\} \models \{\psi_1, \psi_2\}$. Wenn man also akzeptiert, daß die Sätze φ_1, φ_2, φ_3 und φ_4 dem Text des Thomas in der Summe der Theologie entsprechen, so hat man hier eine logische Rekonstruktion jenes Gottesbeweises.

Essler hat Bedenken angemeldet gegen die von Bendiek vorgelegte Rekonstruktion, insbesondere kritisiert er Satz φ_4; dieser Satz besagt zusammen mit φ_2, daß die Relation „... wird von ... bewegt" eine lineare Anordnung in der Gesamtheit der Dinge ist: für je zwei Dinge x, y liegt genau einer der Fälle $x = y$, xBy, yBx vor. Nach Essler läßt sich diese Eigenschaft der Relation nicht aus dem Text des Thomas herauslesen.

Wir bringen jetzt – wiederum in vereinfachter Form – die von Essler vorgeschlagene alternative Rekonstruktion desselben Gottesbeweises. Wegen der fehlenden Linearität führt Essler neben der Relation B noch eine zweite Relation E ein:

$$zEy \;:\leftrightarrow\; (zBy \land \forall x \neg xBz)$$

Dann läßt sich zEy deuten als: z ist ein unbewegter Beweger für y bzw. z ist eine erste Ursache für die Bewegung von y.
Essler entnimmt nun dem Text von Thomas die folgenden Sätze:

α_1: $\exists x \exists y\, xBy$
Es gibt Dinge, die von (anderen) Dingen bewegt werden.

α_2: $\forall x \neg xBx$
Kein Ding bewegt sich selbst.

α_3: $\forall y \neg (\exists z\, zEy) \rightarrow \neg (\exists x\, xBy)$
Hat ein Ding keine erste Ursache für eine Bewegung, so wird es überhaupt nicht bewegt.

α_4: $\forall x \forall y [(\neg x = y \wedge \neg xBy \wedge \neg yBx) \rightarrow \exists u (uBx \wedge uBy)]$
Wird von zwei verschiedenen Dingen keins durch das andere bewegt, so gibt es einunddieselbe Ursache, welche beide bewegt.

β_1: $\exists z (\forall y \neg z = y \rightarrow zEy)$
Es gibt mindestens eine gemeinsame erste Ursache.

β_2: $\forall z_1 \forall z_2 [\forall y (\neg z_1 = y \rightarrow z_1Ey) \wedge (\neg z_2 = y \rightarrow z_2Ey)] \rightarrow z_1 = z_2$
Es gibt höchstens eine gemeinsame erste Ursache.

Auch hier läßt sich relativ einfach zeigen, daß $\{\beta_1, \beta_2\}$ eine logische Folgerung von $\{\alpha_1, \alpha_2, \alpha_3, \alpha_4\}$ ist: $\{\alpha_1, \alpha_2, \alpha_3, \alpha_4\} \vDash \{\beta_1, \beta_2\}$.

Der entscheidende Unterschied der beiden Rekonstruktionen liegt in den Sätzen φ_4 und α_4. Der Unterschied wird besonders transparent, wenn man jeweils die Modelle der Systeme $\{\varphi_1, \varphi_2, \varphi_3, \varphi_4\}$ und $\{\alpha_1, \alpha_2, \alpha_3, \alpha_4\}$ betrachtet.

Wir sagen, daß eine Relation $<$ auf einer Menge M eine lineare Anordnung definiert, wenn für je zwei Elemente a und b der Menge genau einer der Fälle $a = b$, $a < b$, $b < a$ vorliegt. Ein Element $m \in M$ heißt minimales Element, wenn es kein $c \in M$ gibt mit $c < m$. Nun ist jede lineare Anordnung mit mindestens einem minimalen Element ein Modell von $\{\varphi_1, \varphi_2, \varphi_3, \varphi_4\}$. Prototyp eines solchen Modells ist $(\mathbb{N}, <)$. Die Folgerung $\{\varphi_1, \varphi_2, \varphi_3, \varphi_4\} \vDash \{\psi_1, \psi_2\}$ besagt für die Modelle, daß jede lineare Anordnung mit mindestens einem minimalen Element genau ein Minimum besitzt.

Wir sagen, daß eine Relation $<$ auf einer Menge M eine nach unten gerichtete Menge definiert, wenn (i) $a < a$ für kein $a \in M$ gilt und wenn es (ii) zu je zwei verschiedenen Elementen $b, c \in M$ stets ein $a \in M$ gibt mit $a < b$ und $a < c$. In einer nach unten gerichteten Menge heißt m minimale untere Schranke von b, wenn einerseits entweder $m < b$ oder $m = b$ gilt und andererseits kein Element $c \in M$ mit $c < m$ vorhanden ist. Die Modelle von $\{\alpha_1, \alpha_2, \alpha_3, \alpha_4\}$ sind nun genau die nach unten gerichteten Mengen, in denen es zu jedem Element eine minimale untere Schranke gibt. Prototyp eines solchen Modells ist $(V_n, |)$ – dabei bezeichnet V_n die Menge der Vielfachen einer festen natürlichen Zahl n und | die Teilbarkeitsrelation. Die Folgerung $\{\alpha_1, \alpha_2, \alpha_3, \alpha_4\} \models \{\beta_1, \beta_2\}$ besagt für die Modelle: jede nach unten gerichtete Menge, in der es zu jedem Element mindestens eine minimale untere Schranke gibt, besitzt genau ein Minimum.

Recht leicht erkennt man nun, daß jedes Modell von $\{\varphi_1, \varphi_2, \varphi_3, \varphi_4\}$ auch Modell von $\{\alpha_1, \alpha_2, \alpha_3, \alpha_4\}$ ist; das α-System ist also eine logische Folgerung aus dem φ-System. Die Umkehrung gilt nicht, d. h. es gibt Modelle des α-Systems, die nicht Modell des φ-Systems sind; einfachstes Beispiel ist $(V_2, |)$. Insofern ist also die von Essler vorgelegte Rekonstruktion des Gottesbeweises allgemeiner als die Rekonstruktion von Bendiek.

Bei einer Beurteilung von Gottesbeweisen und auch von nachträglichen Rekonstruktionen ist Besonnenheit geboten. Nur eine differenzierte Betrachtungsweise kann den Urhebern gerecht werden. Dies bedeutet nicht, daß für Kritik kein Raum ist. In aller Regel hat sich in der Vergangenheit die Kritik entweder gegen die Konzeption des ganzen Beweises oder aber gegen eine der Prämissen gerichtet. Ein Beispiel der zuerst genannten Art ist der geschilderte Einwand von Thomas gegen den Beweis des Augustin. Auch für den zweiten Typ von Kritik wollen wir ein Beispiel nennen. So hat Bolzano (1781–1848) am Beweis des Thomas die Prämisse verworfen, daß im Regress der Wirkungen nur endlich viele Schritte zugelassen werden. Er selbst hat einen neuen Gottesbeweis vorgelegt, in dem auch unendliche Gesamtheiten zugelassen sind. Dieser Beweis von Bolzano ist kürzlich durch Granthaler und Simons in einer logischen Rekonstruktion aufgearbeitet worden.

Abschließend wollen wir noch auf einen originellen Gottesbeweis aus unserer Zeit hinweisen; er stammt von Gödel aus dem Jahre 1970.

Kurt Gödel hat die Grundlagen der Mathematik in unserem Jahrhundert ganz entscheidend mitbestimmt. Er wurde 1906 in Brünn geboren, forschte und lehrte zunächst in Wien, mußte später emigrieren und wirkte dann in Princeton, wo er 1978 starb. Seine 1931 in den Monatsheften für Mathematik erschienene Abhandlung „Über formal unentscheidbare Sätze der Principia Mathematica und verwandter Systeme I" zeigte, daß das Hilbertsche Programm einer widerspruchsfreien Begründung der klassischen Mathematik mit nur finiten Schlüssen nicht realisiert werden kann. Damit mußten System und Methode der mathematischen Grundlagenforschung völlig neu konzipiert werden.

Seinen neuen Gottesbeweis hat Gödel im Jahr 1970 mit Dana Scott besprochen; eine Veröffentlichung des Beweises hat er offensichtlich nicht angestrebt. Es gibt jedoch Aufzeichnungen von Scott über jenes Gespräch und auch eine mit 10. Februar 1970 datierte Beweisskizze in Gödels Nachlaß. In der langen Tradition der Gottesbeweise nimmt der Beweis von Gödel insofern eine Sonderstellung ein, als er schon im Original in der Sprache der mathematischen Logik formuliert ist. Eine nachträgliche logische Rekonstruktion wie etwa bei Thomas von Aquin erübrigt sich somit. Allerdings benutzt Gödel für seinen Beweis die Sprache der Modallogik zweiter Stufe; dadurch ist eine Darstellung des Beweises an Vorkenntnisse geknüpft, die wir hier nicht bereitstellen können. Es muß daher bei dem Hinweis auf die im vorigen Jahr erschienenen Veröffentlichungen von Essler/Brendel/Martinez und von Sobel bleiben.

5. Mathematik als Rätselbild zum Erjagen der Werke Gottes: Cusanus

Im „Dreiergespräch über das Können-Ist" erläutert Cusanus (1401–1464) die Bedeutung der Mathematik für die menschlichen Bemühungen, Einsicht in Gottes Werk zu gewinnen [N. v. Kues 1973; S. 53]: „Wenn wir also die Sache recht betrachtet haben, so besitzen wir nichts Sicheres in unserem Wissen als unsere Mathematik, und diese ist ein Rätselbild, die Werke Gottes zu erjagen. Daher haben bedeutende Männer, wenn sie irgendetwas Großes ausgesprochen haben, es in mathematischem Gleichnis begründet ... ."

Zum Verständnis dieser Passage muß man beachten, daß sich Cusanus in seinem Denken einerseits der Antike verpflichtet weiß, andererseits aber auch neue eigene Wege geht. Die exemplarische Bedeutung der Mathematik für eine Erforschung von Wahrheit und Sein übernimmt Cusanus von den Pythagoreern und von Platon, nur ist Cusanus stärker auf Gott als auf das begriffliche Sein gerichtet. Auch hat die Mathematik bei Cusanus einen von Platons Auffassung abweichenden Charakter; man kann Cusanus ohne

Übertreibung als Vorläufer oder auch Urheber des mathematischen Konstruktivismus bezeichnen.

Cusanus unterteilt – in Analogie zu Platon – die Welt in drei Bereiche: Sinnliches (reale Welt), Un-Sinnliches (Welt des Geistes), Über-Sinnliches (Gott). Die Wissenschaften, insbesondere die Mathematik, gehören zum Bereich des Un-Sinnlichen, nehmen also eine Zwischenstellung zwischen der realen Welt und Gott ein. Dies ist auch in Platons System so: die Mathematika bilden einen Zwischenbereich zwischen den Erscheinungen einerseits und den Ideen andererseits. Nun aber kommt der entscheidende Unterschied zwischen Cusanus und dem Platonismus etwa von Platon oder Augustin. Bei Platon ist die Struktur der Mathematik durch die Ideen fixiert, noch bevor menschliche Bemühung um Einblick in den Bereich der Mathematik beginnt: Mathematik wird entdeckt, nicht geschaffen. Für Cusanus wird Mathematik nun gerade geschaffen, nicht entdeckt. Für ihn sind mathematische Begriffe und Methoden konstruktive Schöpfungen des menschlichen Geistes. Diese konstruktive Leistung hat für Cusanus religiöse Bedeutung. Gott hat den Bereich des Sinnlichen erschaffen – diesen Schöpfungsprozeß kann der Mensch nicht direkt einsehen. Aber der Mensch simuliert diesen Schaffensprozeß mit der Konstruktion des Un-Sinnlichen, insbesondere also mit den Wissenschaften; in diesem Modell gewinnt der Mensch Bilder, Symbole, Metaphern, Hinweise usw. vom Wirken und Handeln Gottes. Unter den Wissenschaften ist die Mathematik nun in besonderer Weise geeignet, Gottes Werke verständlich zu machen. Einmal ist hier der Abstand zwischen erkennendem Subjekt und erkanntem Objekt besonders klein, eben weil alle Objekte der Mathematik Konstruktionen des menschlichen Geistes sind. Zum anderen gibt es in der Mathematik Aussagen von absoluter Gültigkeit. Schließlich gibt es innerhalb der Mathematik Theorien, die von Beziehungen zwischen Endlichem und Unendlichem handeln, etwa die Infinitesimalmathematik. Diesen Theorien hat Cusanus seine besondere Aufmerksamkeit gewidmet; hierüber hat er sogar mathematische Abhandlungen veröffentlicht. Allerdings war für ihn auch hier die Mathematik nur Mittel zum Zweck: die mathematischen Gesetzmäßigkeiten zwischen Endlichem und Unendlichem schienen ihm das bestgeeignete Modell, die Beziehungen zwischen dem endlichen Menschen und dem unendlichen Gott aufzuhellen.

6. Religion more geometrico: Spinoza

Spinoza (1632–1677) hat seiner Ethik den ausführlichen Titel gegeben: „Ethik – in geometrischer Weise dargestellt und in fünf Teile geschieden". Der erste Teil trägt die Überschrift „Von Gott"; nur diesem ersten Teil widmen wir unsere Aufmerksamkeit. Die äußere Form der Präsentation entspricht bei Spinoza weitgehend den Elementen Euklids. Euklid beginnt mit Definitionen, Postulaten und Axiomen; dann folgen die durchnumerierten Lehrsätze mit Beweis. Dabei verzichtet Euklid jeweils auf das Wort „Lehrsatz" und auf das Wort „Beweis". Spinoza stellt Begriffsbestimmungen und Grundsätze an den Anfang; dann folgen die exakt durchnumerierten und auch je so bezeichneten Lehrsätze nebst Beweis. Wir geben parallel einige Beispiele.

Euklid	*Spinoza*
Die Elemente	*Die Ethik*
Definitionen	*Begriffsbestimmungen*
1. Ein *Punkt* ist, was keine Teile hat	1. Unter *Ursache seiner selbst* verstehe ich dasjenige, dessen Wesen die Existenz notwendig einschließt, oder dasjenige, dessen Natur nicht anders als existierend gedacht werden kann.
5. Eine *Fläche* ist, was nur Länge und Breite hat	6. Unter *Gott* verstehe ich das absolute unendliche Sein, das heißt Substanz, die aus unendlich vielen Attributen besteht, deren jedes ewige und unendliche Wesenheit ausdrückt.
Postulate	*Grundsätze*
Gefordert soll sein:	I. Alles was ist, ist entweder in sich, oder in einem anderen.
1. Daß man von jedem Punkt nach jedem Punkt die Strecke ziehen kann.	
3. Daß man mit jedem Mittelpunkt und Abstand den Kreis zeichnen kann.	IV. Die Erkenntnis der Wirkung hängt ab von der Erkenntnis der Ursache und schließt diese ein.

In den Definitionen bzw. Begriffsbestimmungen werden Grundbegriffe, mit denen im weiteren Verlauf gearbeitet wird, definiert. Die Postulate bzw. Grundsätze bestehen aus unbewiesenen oder auch unbeweisbaren Aussagen, deren Wahrheit für das jeweilige Werk vorausgesetzt wird. Dann folgen die Lehrsätze; wir beschränken uns hier auf die Wiedergabe zweier Beispiele aus Spinozas Ethik.

„*Elfter Lehrsatz*
Gott oder die Substanz, die aus unendlich vielen Attributen besteht, deren jedes ein ewiges unendliches Wesen ausdrückt, existiert notwendig.
Beweis. Wer diesen Satz verneint, der denke sich – wenn er's vermag – Gott existiere nicht. Dann schließt also (nach Grunds. VII) sein Wesen die Existenz nicht ein. Doch das ist (nach Lehrs. 7) widersinnig: also existiert Gott notwendig. – W. z. b. w.

Vierunddreißigster Lehrsatz
Gottes Macht ist sein Wesen selbst.
Beweis. Denn aus der bloßen Notwendigkeit des göttlichen Wesens folgt, daß Gott die Ursache seiner selbst (nach Lehrs. 11) und (nach Lehrs. 16 und dessen Folges.) aller Dinge ist. Folglich ist die Macht Gottes, kraft deren er selbst und alles ist und handelt, sein eigenes Wesen selbst. – W. z. b. w."

Bei Spinoza werden für zahlreiche Lehrsätze mehrere Beweise gebracht. Das ist für einen Leser mathematischer Lehrbücher unserer Zeit keineswegs ungewohnt; doch muß gesehen werden, daß eine derartige Präsentation bei Euklid nicht üblich ist – hier geht Spinoza bewußt neue Wege.

Wie ist nun Spinozas Darstellung religiösen Inhalts more geometrico zu verstehen? Es gibt keineswegs nur positive Stimmen. Bülow schreibt in seiner Einführung zu Spinozas Ethik [Spinoza 1982; S. XVI]: „Eine wesentliche Erschwerung für das Verständnis von Spinozas „Ethik" bereitet die mathematisch-geometrische Methode." Als Erschwerung hat Spinoza seine Präsentationsform ganz sicher nicht geplant; ihm schien diese Darstellung angemessen.

Spinoza ist sich des Unterschieds von Mathematik einerseits sowie Philosophie und Religion andererseits voll bewußt. Er sieht aber auch Gemeinsamkeiten. Alle Lehrsätze in Euklids Elementen lassen sich deduktiv aus den Definitionen, Axiomen und Postulaten folgern. Sätze und Beweise entfalten also, was in dem Anfang zunächst verborgen enthalten ist. Für Religion und Philosophie hält Spinoza dieselbe Methode für die bestmögliche Darstellungsform. Auch hier werden in den Begriffsbestimmungen und Grundsätzen das wesentliche Vokabular und die entscheidende Substanz an Wahrheit fixiert – die Lehrsätze sind nur Erläuterungen dieses Anfangs, durch sie wird transparent ausgeführt, was im Anfang in zumindest nur verborgener Weise enthalten ist.

Spinoza geht es um diese Gemeinsamkeit: daß alle Wahrheit im Prinzip schon im Anfang (Axiomensystem) verankert ist. Folgerichtig sind für ihn Euklids Elemente optimales Vorbild für eine adäquate Präsentation seiner Ethik.

7. Mathematische Forschung ist Gotteserkenntnis: Cantor

Zum Abschluß der Beziehungen zwischen Religion und Mathematik gehen wir auf Georg Cantor (1845–1918) ein. Bei ihm sind – darauf ist schon häufig hingewiesen worden – Persönlichkeit und wissenschaftliches Werk besonders intensiv miteinander verwoben; dies gilt in besonderem Maß für das Verhältnis von Person und Werk zu religiösen Fragen. Cantor war nicht nur ein äußerst religiös gesinnter Mensch, für ihn gab es auch unmittelbare Konsequenzen seiner mathematischen Forschung für religiöse Einstellungen und Institutionen.

Cantors Auffassung von Mathematik stand uneingeschränkt in der Tradition Augustins. Mathematik wurde für ihn vom Menschen nicht geschaffen, sondern entdeckt – dies war Platons Erbe im Denken des Augustin. Nun kam aber für Augustin wie für Cantor die religiöse Komponente hinzu: die schon vor ihrer Entdeckung durch den Menschen existierenden mathematischen Wahrheiten sind Gottes Schöpfung.

Folgerichtig war für Cantor jede mathematische Forschung zugleich Erforschung der Schöpfung Gottes; jedes Eindringen in die Schöpfung Gottes wiederum bedeutete Annäherung an Gott. Cantors jüngerer Kollege Kowalewski hat diese Einstellung Cantors besonders plastisch geschildert [Kowalewski 1950; S. 201]: „Diese Mächtigkeiten, die Cantorschen Alephs, waren für Cantor etwas Heiliges, gewissermaßen die Stufen, die zum Throne der Unendlichkeit, zum Throne Gottes emporführen.“ In einem Brief an Pater

Thomas Esser schreibt Cantor selbst [Meschkowski 1965; S. 511]: „Jede Erweiterung unserer Einsicht in das Gebiet des Creatürlichmöglichen muß daher zu einer erweiterten Gotteserkenntnis führen."

Bei der geschilderten engen Beziehung von Wissenschaft und Gotteserkenntnis müssen Ergebnisse der Forschung, die in grundlagentheoretischer Hinsicht mit der Tradition brechen, zwangsläufig zu einer Überprüfung der Einstellung zu Gott und insbesondere zur Kirche als Institution führen. Cantor selbst war der Meinung, daß seine neue Theorie des Transfiniten ein Forschungsergebnis der genannten Art sei; folgerichtig mußte diese Theorie für ihn auch Konsequenzen im religiösen Bereich nach sich ziehen. Er hat deshalb immer wieder den Dialog mit der Kirche gesucht. Ihm stand dabei auch das Beispiel Galilei beunruhigend vor Augen.

Ptolemäus hatte gelehrt, daß die Erde ruhender Mittelpunkt der Welt sei. Kopernikus stellte die Sonne in den Mittelpunkt des Planetensystems und ließ die Erde sich um die Sonne bewegen. Kepler beschrieb die Bewegungen in diesem Planetensystem durch einfache mathematische Gesetze. Galilei schließlich setzte sich für diese neue Theorie in Lehre und Öffentlichkeit ein. Dafür wurde ihm von der Kirche der Prozeß gemacht.

Kepler und Galilei waren keineswegs auf eine Konfrontation mit der Kirche aus. Im Gegenteil: Kepler meinte, die von ihm entdeckten mathematischen Gesetze seien Gottes Schöpfung; er war begeistert, daß er als erster Mensch diese Schönheit göttlicher Schöpfung gesehen hatte. Wie Galilei war er der Meinung, durch die neuen Theorien den Bauplan Gottes besser als zuvor und also wahrer durchschaut zu haben. In diesem Sinne war für Kepler und Galilei die neue Wissenschaft Gottesdienst. Lediglich Galileis Schüler Castelli forderte die Institution Kirche heraus: er meinte, die Theologen müßten sich nun bemühen, die Bibel in Übereinstimmung mit den neuen Ergebnissen der Naturwissenschaft zeitgemäß zu lesen und zu interpretieren. Aber für die Institution Kirche war die neue Wissenschaft nicht – wie für deren Urheber – Gottesdienst, sondern Gotteslästerung. Deshalb wurde Galilei angeklagt.

Cantor hat offensichtlich seine Theorie des Transfiniten von Anfang an nicht nur als (persönlichen) Gottesdienst aufgefaßt, sondern auch deren Konsequenzen für die Kirche als Institution in Betracht gezogen. Eine Konfrontation mit der Kirche – in Analogie zu Galilei – wollte Cantor in jedem Fall vermeiden. Deshalb hat er den Kontakt zur Kirche gesucht und sich dabei auch bemüht, seine mathematischen Erkenntnisse den kirchlichen Würdenträgern verständlich zu machen. In einem Brief an Kardinal Franzelin schreibt Cantor 1886 [Cantor 1980; S. 400]:

„Daß aber ein „Infinitum creatum“ als existent angenommen werden muß, läßt sich mehrfach beweisen. Um Ew. ... nicht zu lange aufzuhalten, möchte ich mich in dieser Sache auf zwei kurze Andeutungen beschränken.

Ein Beweis geht vom Gottesbegriff aus und schließt zunächst aus der höchsten Vollkommenheit Gottes Wesens auf die Möglichkeit der Schöpfung eines Transfinitum ordinatum, sodann aus seiner Allgüte und Herrlichkeit auf die Notwendigkeit der tatsächlich erfolgten Schöpfung eines Transfinitum. Ein anderer Beweis zeigt a posteriori, daß die Annahme eines Transfinitum in natura naturata eine bessere, weil vollkommenere Erklärung der Phänomene, im besonderen der Organismen und der psychischen Erscheinungen ermöglicht als die entgegengesetzte Hypothese ...“

1896 schreibt Cantor an Pater Thomas Esser [Meschkowski 1965; S. 513]: „Die allgemeine Mengenlehre, welche Ihnen sowohl in der Schrift: „Zur Lehre des Transfiniten“ wie auch in dem 1ten Artikel der begonnenen Arbeit: „Beiträge zur Begründung der transfiniten Mengenlehre“ in ihren Principien entgegentritt, gehört durchaus zur Metaphysik. Sie überzeugen sich hiervon leicht, wenn sie die Kategorien der Kardinalzahl und des Ordnungstypus, diese Grundbegriffe der Mengenlehre, auf den Grad ihrer Allgemeinheit prüfen und außerdem bemerken, daß bei ihnen das Denken völlig rein ist, so daß der Phantasie nicht der geringste Spielraum eingeräumt ist.

Hieran wird durch die Bilder nichts geändert, deren ich mich gelegentlich, wie es alle Metaphysiker thun, zur Klarlegung metaphysischer Begriffe bediene, und auch der Umstand, daß die unter meiner Feder noch stehende Arbeit in mathematischen Journalen herausgegeben wird, modificiert nicht den metaphysischen Charakter und Inhalt derselben.

Daher erlaube ich mir, Ihnen als Ausgangspunct unserer Besprechungen das genaue und eingehende Studium (namentlich auch des in Form von Noten kleingedruckt darin vorkommenden) jener Aufsätze (wenn möglich in Gemeinschaft und in Gedankenaustausch mit anderen) vorzuschlagen; die Schwierigkeiten, welche Ihnen begegnen werden, bitte ich mir genau formulirt einzusenden; ich werde sie zu heben und beseitigen suchen."

In demselben Brief heißt es auch: „Von mir wird der christlichen Philosophie zum ersten Mal die wahre Lehre vom Unendlichen in ihren Anfängen dargeboten." Dieser Satz zeigt noch einmal in voller Deutlichkeit, daß für Cantor galt: Mathematische Forschung ist Gotteserkenntnis.

V. Musik und Mathematik

1. Einführung

Die Musik unterhält zu zahlreichen Disziplinen freundschaftliche Beziehungen: zur Physik, Biologie, Psychologie, Soziologie, Philosophie, Literaturwissenschaft – und auch zur Mathematik. Das Disziplinenpaar Musik–Mathematik befindet sich seit der Antike kontinuierlich in fruchtbarem Kontakt. Wir können hier lediglich einige typische Stationen kurz skizzieren.

Die Pythagoreer haben mit der Harmonielehre eine Verzahnung von Mathematik und Musik geschaffen, die bis heute erhalten geblieben ist. Im Mittelalter bewahrten Mathematik und Harmonik im Rahmen des christlich neu interpretierten Quadriviums ihre bedeutende Rolle für jegliches Weltverständnis. Die neuzeitliche Naturwissenschaft zeigte den Erfolg mathematischer Beschreibung von Naturvorgängen. So lag es nahe, mathematische Gesetze auch in der Musik aufzuspüren. In unserem Jahrhundert hat sich eine neue Auffassung von Mathematik herausgebildet; dies impliziert zwangsläufig einen Wandel in den Beziehungen von Mathematik zu anderen Disziplinen. Von diesem Wandel wurden auch die wechselseitigen Beziehungen zwischen Mathematik und Musik betroffen.

2. Die Harmonielehre der Pythagoreer

Jede Begegnung in der Musik ist an Absprachen und Vereinbarungen gebunden; man muß sich mit Sprache, Symbolik und Gestik über Musik verständigen. Dies gilt auch schon für die Musik in vorgriechischer Zeit. Damals wurden zum Beispiel in Indien Tonhöhen durch Götter symbolisiert; in Ägypten war jeder Tonhöhe eine bestimmte Krümmungshaltung des rechten Zeigefingers zugeordnet (Cheironomie).

Bei den Pythagoreern hat sich nun im fünften Jahrhundert v. Chr. eine völlig neue Art und Weise herausgebildet, über musikalische Phänomene nachzudenken und Erfahrungen mit Tönen begrifflich zu fassen; der Tonvorrat wurde mit analytischen Methoden strukturiert.

In der gleichen Zeit wurde – ebenfalls von den Pythagoreern – die Mathematik auf neue Wege gebracht; sowohl inhaltlich als auch methodisch und insbesondere im Hinblick auf das Selbstverständnis haben die Pythagoreer der Mathematik ganz neuartige Impulse verliehen.

Im Rückblick wird einsichtig, daß die Neuerungen in der Mathematik und in der Musik keineswegs unabhängig voneinander entstanden sind; beide Bereiche haben sich in starker Abhängigkeit voneinander entwickelt. Sie sind im Ergebnis so eng miteinander verzahnt, daß nicht zu sehen ist, wie pythagoreische Mathematik und pythagoreische Musiklehre unabhängig voneinander sich hätten entfalten können.

Worin bestand nun die neue Sichtweise der Pythagoreer in der Musik und in der Mathematik? In der Musik lenkte man den Blick oder auch das Ohr auf Paare von Tönen; einige Tonpaare paßten gut zusammen, andere weniger gut. Man betrachtete also Intervalle bzw. Tonverhältnisse. Auch in der Mathematik entwickelte man mit der Proportionenlehre eine Theorie von Zahlenverhältnissen. Diese Verhältnisse wurden in der Musik und in der Mathematik simultan in den Blick genommen und überdies zueinander in Beziehung gesetzt. Man kann nicht sagen, daß eine der beiden Disziplinen dominiert habe und die andere nur im Schlepptau der ersten mitgezogen worden sei. Mathematik und Musiklehre begegneten und ergänzten einander hier in idealer Passung. Die Pythagoreer erblickten darin ein überzeugendes Exempel von Harmonie; diese Harmonie von Intervallen und Proportionen ermutigte sie zu ihrer allgemeinen Harmoniethese: die ganze Welt ist vom Schöpfer nach dem Prinzip der Harmonie geschaffen.

Ausgangspunkt der pythagoreischen Harmonielehre ist eine Zuordnung von Proportionen zu Grundintervallen. Es werden zugeordnet

der Oktave	die Proportion 2 : 1
der Quinte	die Proportion 3 : 2
der Quarte	die Proportion 4 : 3

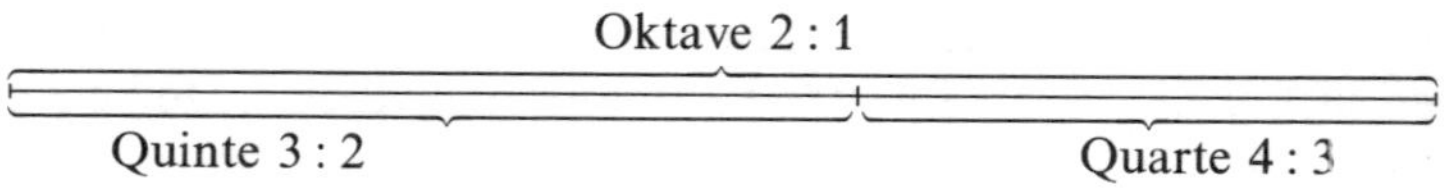

Diese Zuordnung ist nun – und darin liegt der besondere Pfiff – so vorgenommen, daß der Zusammensetzung der Intervalle [Quinte + Quarte = Oktave] das Produkt der zugehörigen Proportionen $[(3:2) \cdot (4:3) = (2:1)]$ entspricht. Mit den einzelnen Zuordnungen wird also zugleich, dies ist charakteristisch für pythagoreisches Denken, die Gesetzmäßigkeit der vielen Zuordnungen gegeben.

Es ist nicht bekannt, auf welchem Weg die Pythagoreer zu ihrem genialen Einfall gelangten, den Intervallen in der Weise Proportionen zuzuordnen, daß diese Zuordnung ein Homomorphismus der additiven Intervallstruktur in die multiplikative Proportionenstruktur ist. Es gibt hierüber nur Legenden und Vermutungen.

Mehrfach überliefert ist der Bericht, daß Pythagoras in einer Schmiede aus dem Klang von vier Hammern die Klangpaare Oktave, Quinte und Quarte herausgehört habe. Die Gewichte der Hammer wurden daraufhin bestimmt; es ergab sich das Verhältnis $12:9:8:6$. Dann habe Pythagoras vier gleiche Saiten aufgehängt und mit Gewichten belastet, die ebenfalls im Verhältnis $12:9:8:6$ zueinander standen. Die gespannten Saiten seien durch Zupfen zum Schwingen und Klingen gebracht worden und die entsprechenden Saitenpaare hätten wie Oktave, Quinte und Quarte geklungen. So ist es aber sicher nicht gewesen, obwohl verschiedene Autoren dergleichen berichten. Denn die Physik lehrt, daß die Saiten durch Gewichte im Verhältnis $12^2:9^2:8^2:6^2$ hätten gespannt werden müssen, um Oktave, Quinte und Quarte zu erzeugen.

Möglicherweise haben die Pythagoreer ihren Einfall bei Experimenten am Monochord gewonnen. Das Monochord ist ein einsaitiges Zupfinstrument und man kann ohne Mühe die zu den Intervallen gehörenden Tonpaare durch schwingende Saiten entsprechender Länge erzeugen.

Es gibt aber auch die Version, daß die Pythagoreer auf mehr theoretischem Weg und zwar parallel zu Entdeckungen rein mathematischer Art ihre Harmonielehre der Intervalle erarbeitet haben. Danach zeichneten sie einige besonders wohlklingende Tonpaare als symphone, d.h. wohlklingende Intervalle aus: Oktave, Quinte und Quarte. Diese drei Intervalle bildeten eine zusammengehörige Einheit. Bei den Zahlenverhältnissen unterschieden die Pythagoreer zwischen teiligen bzw. vielfachen Verhältnissen $a:b$, bei denen b Teiler von a ist, und überteiligen Verhältnissen $a:b$, die durch $b \mid (a-1)$ gekennzeichnet sind. Der Prototyp des teiligen Verhältnisses ist n : 1 und das einfachste nichttriviale teilige Verhältnis somit 2 : 1. Der Prototyp eines überteiligen Verhältnisses ist $(n+1) : n$ und als einfachste überteilige Verhältnisse, die nicht zugleich teilig sind, ergeben sich 3 : 2 und 4 : 3. Es scheint nun, daß die Pythagoreer eine Zuordnung der symphonen Intervalle zu den drei einfachsten Verhältnissen vorgenommen haben; dabei entspricht dann der Oktavzerlegung in Quinte und Quarte die Gleichung $(2:1) = (3:2) \cdot (4:3)$. Mit dieser Kombinationsregel als Richtschnur ergibt sich nun in einfacher Weise die pythagoreische Stimmung. Zunächst gilt

$$\begin{array}{lll} \text{Quinte} - \text{Quarte} & = & \text{Ganzton} \\ (3:2) \;:\; (4:3) & & (9:8) \end{array}$$

Damit wird dem Ganzton die Proportion 9 : 8 zugeordnet. Nun lassen sich aber weder Quinte noch Quarte aus Ganztönen zusammensetzen. Vier Ganztöne ergeben keine Quinte, da $(9:8)^4$ größer ist als 3 : 2; entsprechend erhält man aus drei Ganztönen keine Quinte, da $(9:8)^3$ kleiner ist als 3 : 2. Drei Ganztöne ergeben aber auch keine Quarte, da $(9:8)^3$ größer ist als 4 : 3; schließlich erhält man auch aus zwei Ganztönen keine Quarte, da $(9:8)^2$ kleiner ist als 4 : 3.

Führt man jedoch einen Halbton mit der zugehörigen Porportion 256 : 243 ein, so zeigen die Gleichungen

$$(3:2) = (9:8)^3 \cdot (256:243)$$
$$(4:3) = (9:8)^2 \cdot (256:243)$$

daß die Quarte aus zwei Ganztönen und einem Halbton zusammengesetzt ist und die Quinte entsprechend aus drei Ganztönen und einem Halbton. Der Pythagoreer Philolaos schreibt dazu: „Der Umfang der Harmonie ist eine Quarte und eine Quinte; die Quinte ist um einen Ganzton größer als die Quarte. Denn vom tiefsten Ton bis zum Mittelton ist eine Quarte, vom Mittelton bis zum höchsten eine Quinte. .... Somit besteht die Oktave aus fünf Ganztönen und zwei Halbtönen, die Quinte aus drei Ganztönen und einem Halbton, die Quarte aus zwei Ganztönen und einem Halbton." [Die Vorsokratiker I, S. 145].

Die pythagoreische Stimmung hat somit folgende Gestalt (dem Intervall c–d ist die Proportion 9 : 8 zugeordnet, dem Intervall c–e entsprechend 81 : 64 usw.):

c	d	e	f	g	a	h	c′
$\frac{1}{1}$	$\frac{9}{8}$	$\frac{81}{64}$	$\frac{4}{3}$	$\frac{3}{2}$	$\frac{27}{16}$	$\frac{243}{128}$	$\frac{2}{1}$

Zu einer anderen Stimmung gelangt man, wenn die Zuordnung von 2 : 1 bzw. 3 : 2 bzw. 4 : 3 zu Oktave bzw. Quinte bzw. Quarte mit der Theorie der Mittel interpretiert wird. Nachweislich haben die Pythagoreer mit geometrischem, arithmetischem und harmonischem Mittel gearbeitet.

Geometrisches Mittel:	$a : g = g : b$
Arithmetisches Mittel:	$a - m = m - b$
Harmonisches Mittel:	$(a - h) : a = (h - b) : b$.

Angenommen, es wird der Oktave das Verhältnis 2 : 1 zugeordnet. Zur Proportion 2 : 1 gibt es nun im Bereich der rationalen Zahlen kein geometrisches Mittel; dies entspricht der den Pythagoreern bekannten Inkommensurabilität von Seite und Diagonale des Quadrats. Es läßt sich jedoch sowohl das arithmetische Mittel 3 : 2 als auch das harmonische Mittel 4 : 3 bilden – jeweils als Proportion geschrieben. Diese beiden Mittel entsprechen nun der Quinte und der Quarte:

Oktave = Quinte + Quarte
(2 : 1) = (3 : 2) · (4 : 3)

Es liegt nahe, die Unterteilung nach dem Prinzip der Mittelbildung fortzusetzen, jetzt also nach den entsprechenden Mitteln der Quinte und Quarte zugeordneten Proportionen zu fragen. Nun wurde von den Pythagoreern ganz allgemein bewiesen, daß es zu überteiligen Verhältnissen $(n + 1) : n$ kein geometrisches Mittel gibt; sie zeigten also die Irrationalität von $\sqrt{\frac{n+1}{n}}$. Damit blieben für die Unterteilung sowohl von Quinte als auch von Quarte nur das arithmetische und das harmonische Mittel übrig. Dies führte zu

Quinte = große Terz + kleine Terz
(3 : 2) (5 : 4) · (8 : 7)

Quarte = verm. kl. Terz + überm. Ganzton
(4 : 3) (7 : 6) · (8 : 7)

Diesen Weg einer Unterteilung der Oktave mit Hilfe von Mittelbildungen beschreibt der Pythagoreer Archytas: „Es gibt aber drei Porportionen in der Musik: einmal die arithmetische, zweitens die geometrische, drittens die entgegengesetzte, sogenannte harmonische.“ [Die Fragmente der Vorsokratiker I, S. 435/436] Archytas hat nach diesem Muster mehrere Stimmungen ausgearbeitet, u.a. auch die diatonische Stimmung:

c	d	e	f	g	a	h	c′
$\frac{1}{1}$	$\frac{9}{8}$	$\frac{5}{4}$	$\frac{4}{3}$	$\frac{3}{2}$	$\frac{5}{3}$	$\frac{15}{8}$	$\frac{2}{1}$

Heute verwendet man vielfach die temperierte Stimmung, bei der die Oktave in zwölf gleich große Intervalle unterteilt wird. Ein Zugang zu dieser Stimmung war den Pythagoreern natürlich aus mathematischen Gründen versperrt. Es hätte ja diesem Einheitsintervall eine Proportion a : b so zugeordnet werden müssen, daß $(a:b)^{12} = (2:1)$. Eine derartige Proportion gab es aber im Zahlenbereich der Pythagoreer nicht. Heute wählt man für a : b einfach $\sqrt[12]{2}:1$.

3. Musik und Mathematik als Metaphern göttlicher Ordnung: Augustin und Cusanus

Seit der klassischen Antike waren Arithmetik, Geometrie, Harmonik und Astronomie – zusammengefaßt als Quadrivium – die sogenannten mathematischen Wissenschaften. Diese Auffassung blieb während des gesamten Mittelalters gültig. Auch wurden die Wissenschaften weiterhin nicht als Selbstzweck betrieben, sondern sie dienten der Einsicht in den Bauplan der Schöpfung. Wir wollen in diesem Zusammenhang kurz auf die Bedeutung von Mathematik und Musik zunächst bei Augustin und dann bei Cusanus eingehen. Mit Augustin haben wir einen Denker des frühen Mittelalters im Blick; Cusanus hat den Übergang vom mittelalterlichen zum neuzeitlichen Denken ganz wesentlich mitbestimmt. Beide haben weder die Mathematik noch die Musiktheorie forschend vorangetrieben; Berufung und Beruf fanden beide im philosophischen und religiösen Bereich: Augustin als Bischof, Cusanus als Kardinal. Dennoch spielt das Begriffspaar Mathematik – Musik in ihrem Denken eine bedeutsame Rolle.

Augustin hat insbesondere Unterschiede zwischen der sinnlichen Wahrnehmung und der rationalen Vernunfterkenntnis herausgestellt. Mit sinnlicher Urteilskraft werden Kunstwerke zunächst aufgenommen und dann mit den Methoden der Ratio analysiert und gedeutet. Augustin betrachtet in diesem Zusammenhang hauptsächlich Musik und Dichtung. Dabei interessiert ihn in der Musik insbesondere die Rhythmik und in der Dichtung bevorzugt die Versmetrik. Dadurch kommt nun zwangsläufig die Arithmetik ins Spiel, denn Rhythmik und Metrik genügen arithmetischen Gesetzmäßigkeiten. So wird von ihm zunächst die ordnende Kraft der Zahlen in Klang und Vers aufgezeigt und daraus auf die erkenntnisstiftende Rolle der Zahl für philosophische und religiöse Einsicht in das gesamte Werk Gottes geschlossen. In der Musik sieht Augustin die sinnliche Realisierung sowohl der abstrakten Idee von Zahlen als auch des durch Zahlen strukturierten gesamten geistigen und natürlichen Seins. In wechselseitiger Abhängigkeit und partnerschaftlicher Verbundenheit ermöglichen Musik und Mathematik für Augustin einen Zugang des Menschen zu Gott. Beide Disziplinen stehen also deutlich im Dienst religiöser und philosophischer Bemühungen. Dabei können sie – und dies ist charakteristisch für Augustin – diesen Dienst nur gemeinsam erfüllen.

Auch Cusanus orientiert sich an philosophischen und religiösen Zielen; auch ihm geht es, ebenso wie Augustin, um eine Annäherung des Menschen an Gott und um eine angemessene Erkenntnis der Werke Gottes. Im Unterschied zu Augustin ist das Denken von Cusanus jedoch stark dynamisch ausgerichtet. Er mißt dem konstruktiven Moment in allem Denken und Handeln dominante Bedeutung bei und achtet bei göttlichen und menschlichen Werken stets auf den Prozeß der Entstehung. So fragt er nicht nach dem fertigen Werk Gottes, sondern nach dem Schöpfungsprozeß. Auch in den mathematischen Wissenschaften Arithmetik, Geometrie, Harmonik und Astronomie betont er das Konstruktive und Schöpferische. Am Leitbild dieses produktiven Hervorbringens entfaltet Cusanus die Bedeutung der Wissenschaften für philosophische und religiöse Bemühungen. Für ihn dienen die Wissenschaften dem religiösen Ziel der Gotteserkenntnis und Gottesannäherung. Den Schöpfungsprozeß Gottes simuliert der Mensch mit schöpferischer Wissenschaft. Dabei ist der Mensch keineswegs frei, sondern er muß sich bei der Konstitution der Wissenschaften dem Bauplan Gottes fügen und anpassen. Die zentrale Passage von Cusanus in diesem Zusammenhang lautet: „In bewunderungswürdiger Ordnung sind deshalb die Elemente von Gott begründet, der alles nach Zahl, Gewicht und Maß geschaffen hat. Die Zahl bezieht sich auf die Arithmetik, das Gewicht auf die Musik, das Maß auf die Geometrie." [N. v. Kues 1967, S. 111]. Somit ergibt sich für den Menschen die Aufgabe, sich in Wissenschaften die Schöpfung unter den erkenntnisleitenden Begriffen Zahl, Gewicht und Maß anzueignen. Die zugehörigen drei Wissenschaften sind für Cusanus Arithmetik (Zahl), Musik (Gewicht) und Geometrie (Maß). Für ihn sind also Mathematik und Musik die zentralen Wissenschaften für ein religiöses Schöpfungsverständnis. Trotz dieser Gemeinsamkeit kommen den beiden Wissenschaften natürlich auch unterschiedliche Funktionen zu. In der Musik sieht Cusanus eine hervorragende Metapher für die göttliche Harmonie im Kosmos. Die Mathematik liefert auf vielfältige Weise eine andere Metapher: in den zahlreich realisierten Übergängen und Beziehungen zwischen Endlichem und Unendlichem erhellt die Mathematik gleichnishaft den nicht direkt beschreibbaren Übergang vom Menschen als endlichem Wesen zu Gott als vollendeter Unendlichkeit.

4. Musiktheorie und Zahlentheorie: Euler

Euler (1702–1783) hat mehrfach versucht, mit zahlentheoretischen Methoden Gesetze der Musiktheorie aufzuspüren oder durchsichtiger zu gestalten. Wir berichten hier über sein „ptolemäisches" Tonsystem und über die von ihm eingeführte Gradusfunktion.

Mit seinem nach Ptolemäus benannten Tonsystem ordnet Euler jedem Ton eine Zahl zu; wir beschränken uns auf eine Oktave.

c	cis	d	dis	e	f	fis
$2^7 \cdot 3$	$2^4 \cdot 5^2$	$2^4 \cdot 3^3$	$2 \cdot 3^2 \cdot 5^2$	$2^5 \cdot 3 \cdot 5$	$2^9 \cdot 1$	$2^2 \cdot 3^3 \cdot 5$

g	gis	a	b	h	c′
$2^6 \cdot 3^2$	$2^3 \cdot 3 \cdot 5^2$	$2^7 \cdot 5$	$3^3 \cdot 5^2$	$2^4 \cdot 3^3 \cdot 5$	$2^8 \cdot 3$.

Alle Zahlen sind vom Typ $2^n \cdot 3^\nu \cdot 5^\mu$ mit $\nu \in \{0, 1, 2, 3\}$ und $\mu \in \{0, 1, 2\}$. Dabei entsprechen die zwölf Töne c, cis, …, b, h genau den zwölf Teilern von $3^3 \cdot 5^2$; durch passende Multiplikation mit Zweierpotenzen sind die Teiler dann in eine lineare Ordnung gebracht. Oktavierung entspricht dabei Multiplikation (nach oben) bzw. Division (nach unten) mit der Zahl 2.

In einem Brief an Johann Bernoulli schreibt Euler über sein Tonsystem [zitiert nach Fellmann 1983, S. 74]: „Diese Theorie zeigt nämlich ganz besonders die Übereinstimmung der Musik der Alten mit der heutigen. Es soll nämlich gezeigt werden, wie ein System aller verschiedener, verwandter Töne, die eine bestimmte Harmonie hervorbringen, unter einen gewissen allgemeinen Term gebracht werden kann, dessen einzelne Teiler die Töne des Systems selbst erzeugen. So ist der allgemeine Term $2^n \cdot 3^3 \cdot 5^2$ der „Exponent“ des ptolemäischen Tonsystems, denn alle seine Teiler innerhalb des Verhältnisses 1 : 2 ergeben die Töne dieser Art und erfüllen das Intervall einer einzigen Oktave.“

Hingewiesen sei auf einen wesentlichen Unterschied in der Konzeption bei Euler im Vergleich zu den Pythagoreern. Die Pythagoreer ordneten Tonverhältnissen jeweils Zahlenverhältnisse zu; bei Euler wird mit jedem einzelnen Ton eine Zahl verknüpft. In der klassischen Antike hat man in allen Bereichen danach Ausschau gehalten, ob verschiedene Objekte zusammen paßten oder sich in natürlicher Weise zusammenfügten; das Prinzip der Passung bzw. Fügung war auch bestimmend für die überall aufgespürte Harmonie. Der Pythagoreer Philolaos beschreibt diese Harmonie äußerst eindringlich: „Mit Natur und Harmonie verhält es sich folgendermaßen: Das Wesen der Sachen, welches ewig ist, und ihre Natur selbst lassen nur göttliche und keine menschliche Erkenntnis zu. … Da aber die Prinzipien, welche es schon gab, nicht gleich sind und nicht verwandt, wäre es unmöglich gewesen, daß sie eine Weltordnung bilden könnten, wenn nicht Harmonie hinzugekommen wäre, auf welche Weise auch immer diese entstanden sein mag. Gleiches und Verwandtes hätte der Harmonie durchaus nicht bedurft. Aber Ungleiches ist nicht verwandt und hat nicht gleiche Kraft; sondern muß notwendig durch Harmonie zusammengeschlossen sein, wenn es in einer Weltordnung enthalten sein soll." [Die Vorsokratiker I, S. 143/145]. Damit erklärt sich das Interesse an Verhältnissen, sowohl bei Tönen als auch bei Zahlen.

Im Anschluß an die Erfolge der mathematischen Naturwissenschaft bei Kepler, Galilei, Newton usw. versuchte man in allen Bereichen, jeweils die Objekte einer betrachteten Gesamtheit zu parametrisieren und für den Parameter mathematische Gesetzmäßigkeiten zu finden. In dieses Konzept fügt sich auch Eulers Ansatz ein: er parametrisiert die Töne durch Zahlen, die einem zahlentheoretischen Gesetz genügen. Übrigens erhält man aus der Eulerschen Zuordnung

c	d	e	f	g	a	h	c′
$2^7 \cdot 3$	$2^4 \cdot 3^3$	$2^5 \cdot 3 \cdot 5$	$2^3 \cdot 1$	$2^6 \cdot 3^2$	$2^7 \cdot 5$	$2^4 \cdot 2^2 \cdot 5$	$2^8 \cdot 3$

durch Quotientenbildung die diatonische Stimmung:

c	d	e	f	g	a	h	c′
1	$\frac{9}{8}$	$\frac{5}{4}$	$\frac{4}{3}$	$\frac{3}{2}$	$\frac{5}{3}$	$\frac{15}{8}$	2

Mit seiner Gradusfunktion hat Euler versucht, den Wohlklang bzw. die Annehmlichkeit eines Klangpaares (Intervalls) quantitativ zu erfassen. Die subjektive Basis für die zu gewinnende quantitative Theorie lautet: die Oktave klingt besonders angenehm und es folgen – in dieser Anordnung – Quinte, Quarte, Terz, Sekunde. Durch die Gradusfunktion sollen nun den Intervallen Zahlen als Funktionswerte in der Weise zugeordnet werden, daß die Oktave einen kleineren Funktionswert erhält als die Quinte, diese wieder einen kleineren Funktionswert als die Quarte usw.. Mittels der Funktionswerte können dann Intervalle hinsichtlich ihres Wohlklangs verglichen werden: je kleiner der Funktionswert, desto ausgeprägter der Wohlklang. Die Gradusfunktion ist zunächst eine zahlentheoretische Funktion

$$\begin{aligned} \Gamma : \mathbb{N} &\rightarrow \mathbb{N} \\ \Pi p_i^{\alpha_i} &\mapsto 1 + \Sigma \alpha_i \cdot p_i - \Sigma \alpha_i \,. \end{aligned}$$

n	1	2	3	4	5	6	7	8	12	60	72
Γ(n)	1	2	3	3	5	4	7	4	5	9	8

Für Primzahlen p ist $\Gamma(p) = p$. Außerdem genügt die Funktion der Funktionalgleichung $\Gamma(n \cdot m) = \Gamma(n) + \Gamma(m) - 1$.

Um nun den Schritt zu den Intervallen gehen zu können, wird die Gradusfunktion auch für Proportionen natürlicher Zahlen definiert:

$$\Gamma(a : b) = \Gamma\left(\frac{\mathrm{kgV}(a, b)}{\mathrm{ggT}(a, b)}\right)$$

Damit ist jedem Intervall mit Hilfe der zugehörigen Proportion ein Γ-Wert zugeordnet. Der Wohlklang eines Intervalls wird durch den entsprechenden Γ-Wert gemessen; verschiedene Intervalle werden hinsichtlich ihres Wohlklangs verglichen: je kleiner der Γ-Wert, desto angenehmer der Klang.

Beispiele:

Γ(Oktave) $= \Gamma(2:1) = 2$
Γ(Doppeloktave) $= \Gamma(4:1) = 3$
Γ(Quinte) $= \Gamma(3:2) = 4$
Γ(Quarte) $= \Gamma(4:3) = 5$
Γ(Terz) $= \Gamma(5:4) = 7$
Γ(Sekunde) $= \Gamma(9:8) = 8$.

Die auf diese Weise den Intervallen zugeordneten Werte entsprechen dem subjektiven Vorverständnis; mit seiner Gradusfunktion hat Euler also wirklich eine Quantifizierung des Wohlklangs erreicht. Auch die Funktionalgleichung der Γ-Funktion kann ausgenutzt werden. Wegen $\Gamma(n \cdot 2) = \Gamma(n) + 1$ hat zum Beispiel das Intervall f – c″ einen um eine Einheit niedrigeren Wohlklang als das Intervall f – c′. (Verschiebung eines Tons um eine Oktave). Auch diese Gesetzmäßigkeit entspricht der Hörerfahrung.

5. Quantitative Methoden der Musikanalyse

Für die quantitativen Methoden der Musikanalyse gilt dasselbe wie für die quantitativen Methoden in der Analyse des literarischen Stils, die wir in Kapitel III dargestellt haben. Mit diesen Methoden wird lediglich ein Aspekt des Gesamtkunstwerks erfaßt. Jedoch hat Fucks in mehreren Arbeiten gezeigt, wie quantitative Beobachtungen charakteristische Entwicklungen auch in der Musik erhellen können. Wir behandeln hier nur zwei Beispiele aus dem umfangreichen Material von Fucks und seinen Mitarbeitern.

(i) Tonhöhen

Über die Epochen hinweg wird die Häufigkeitsverteilung der Tonhöhen bestimmt. Dazu wird der Tonhöhe c die Zahl 1 zugeordnet, dann cis $\mapsto 2$, d $\mapsto 3 \ldots$, c′ $\mapsto 13$ usw.. Besteht die untersuchte Tongesamtheit aus N Tönen und ist z_i die Anzahl der Töne mit der Höhe i, so errechnet sich die relative Häufigkeit

$$p_i = \frac{z_i}{N}.$$

Für die Häufigkeitsverteilung werden gebildet

Mittelwert: $\bar{i} = \sum_i i \cdot p_i$;

Standardabweichung: $\sigma = \sqrt{\sum_i (i - \bar{i})^2 \cdot p_i}$.

Für zahlreiche Kompositionen verschiedener Epochen wurde die Standardabweichung jeweils der ersten Violinstimme ermittelt [Fucks-Lauter 1965; S. 15]:

Epoche	Komponist	Werk	σ
1530–1650	Willaert	Fantasien	3,55
	Palestrina	Ricercari	3,75
1680–1740	Corelli	Concerto grosso Nr. 8	4,70
	Vivaldi	Concerto grosso op. 3, Nr. 2	5,40
1780–1825	Mozart	Violinkonzert a-dur	6,85
	Beethoven	5. Symphonie	7,05

Epoche	Komponist	Werk	σ
1840–1900	Brahms	Violinkonzert	8,60
	Tschaikowsky	5. Symphonie	8,70
20. Jh.	Webern	Streichtrio op. 20	10,40
	Schönberg	Violinkonzert	10,85

Die Tabelle zeigt, daß für jede Epoche eine gewisse Standardabweichung der Tonhöhenhäufigkeit charakteristisch ist und daß die Standardabweichung von der Renaissance bis in unsere Zeit ständig zugenommen hat.

(ii) Intervalle aufeinanderfolgender Töne

Es werden jetzt – wieder für die 1. Violine – Paare aufeinanderfolgender Töne und mit ihnen gebildete Intervalle im Hinblick auf ihre Größe untersucht. Folgt auf einen niederen Ton ein höherer, so wird positiv gezählt: ein Oktavsprung nach oben z. B. wird durch die Zahl 12 markiert. Folgt auf einen höheren Ton ein niederer, so wird negativ gezählt: z. B. erhält ein Quintensprung nach unten die Zahl -7 zugeordnet. Als geeigneter Parameter erwies sich in diesem Fall der Überschuß ε (Momentenkoeffizient der Wölbung):

$$\varepsilon = \frac{\sum_i (i-\bar{i})^4 \cdot p_i}{\left(\sum_i (i-\bar{i})^2 \cdot p_i\right)^2} - 3 .$$

Auch hier wurden wieder Werke aus verschiedenen Epochen – jeweils für die erste Violinstimme – erfaßt [Fucks-Lauter 1965; S. 26ff]:

Epoche	Komponist	Werk	ε
1530–1650	Willaert	Fantasien	2,08
	Palestrina	Ricercari	1,24
1680–1740	Corelli	Concerto grosso Nr. 8	1,43
	Vivaldi	Concerto grosso op. 3 Nr. 8	2,87
1780–1825	Mozart	Jupitersymphonie	7,02
	Beethoven	5. Symphonie	8,82
1825–1900	Schumann	2. Symphonie	9,54
	Tschaikowsky	5. Symphonie	10,98
20. Jh.	Ravel	Bolero	10,72
	Hindemith	Mathis der Maler	12,55
	Schönberg	Violinkonzert op. 36	1,32
	Berg	Violinkonzert	5,52
	Webern	Streichtrio op. 20	– 0,30

Auffällig ist hier der starke Rückgang des ε-Werts in der Zwölftonmusik, nachdem zuvor von der Renaissance bis in unser Jahrhundert hinein ein ständiger Anstieg zu beobachten ist.

6. Mathematische Methoden in der Musiktheorie

Wir erinnern nochmals an die Harmonielehre der Pythagoreer. Dort werden musikalische Klänge und mathematische Objekte zueinander in Beziehung gebracht. Jedem Tonpaar bzw. Intervall wird eine Proportion von Zahlen so zugeordnet, daß der Addition von Intervallen die Multiplikation der korrespondierenden Proportionen entspricht. In der Sprache der Mathematik sagt man, daß hier eine strukturverträgliche Abbildung des Systems der Intervalle in die positiven Zahlen vorliegt.

Auch im ptolemäischen Tonsystem von Euler spielt eine Abbildung die entscheidende Rolle; es handelt sich um die von Euler angegebene Abbildung des Tonvorrats in die positiven Zahlen. Mit Hilfe dieser Abbildung lassen sich musikalische Sachverhalte durch mathematische Beziehungen beschreiben. Das sei an zwei Beispielen erläutert.

Es bezeichne T das System der auf dem Klavier realisierbaren Töne: $T = \{\ldots, A, B, H, c, cis, d, dis, e, f, \ldots\}$. Das ptolemäische Tonsystem läßt sich auffassen als eine Abbildung $h : T \rightarrow \mathbb{R}^+$ von T in die positiven reellen Zahlen $\mathbb{R}^+$. Dabei kann h(t) gedeutet werden als Höhe des Tons t.

t	...	A	B	H	c	cis
h(t)	...	$2^6 \cdot 5$	$2^{-1} \cdot 3^3 \cdot 5^2$	$2^3 \cdot 3^2 \cdot 5$	$2^7 \cdot 3$	$2^4 \cdot 5^2$

t	d	dis	e	f	...
h(t)	$2^4 \cdot 3^3$	$2 \cdot 3^2 \cdot 5^2$	$2^5 \cdot 3 \cdot 5$	$2^9 \cdot 1$	...

Aus den Werten h(t) läßt sich nun ablesen, ob ein Intervall eine Oktave ist oder nicht; genau dann ist (t_1, t_2) eine Oktave, wenn $h(t_2) = 2 \cdot h(t_1)$. Auch läßt sich mit Hilfe der Abbildung h jedem Intervall eine positive Zahl so zuordnen, daß die diatonische Stimmung aus der Pythagoreischen Harmonielehre in den Blick kommt. Für jedes Intervall heißt $g(t_1, t_2) = \frac{h(t_2)}{h(t_1)}$ die Größe des Intervalls. So ist etwa $g(A, d) = \frac{2^4 \cdot 3^3}{2^6 \cdot 5} = \frac{3^3}{2^2 \cdot 5}$ und

$$g(c, f) = \frac{2^9}{2^7 \cdot 3} = \frac{2^2}{3}.$$

Die Abbildung g entspricht also genau jener Zuordnung von Proportionen zu Intervallen, wie sie Archytas für die diatonische Stimmung vorgenommen hat.

Das ptolemäische Tonsystem und die diatonische Stimmung lassen sich also mit Hilfe des mathematischen Begriffs Abbildung beschreiben. Nun bedarf es keiner spektakulären Phantasie, um zu vermuten, daß auch andere Tonsysteme und Stimmungen nach ähnlichem Muster behandelt werden können; dabei drängt sich zugleich eine Verallgemeinerung des bisher durch das Klavier festgelegten Tonvorrats auf. Als allgemeiner Begriff des Tonsystems bietet sich somit eine Abbildung h von einem Tonvorrat T in die positiven reellen Zahlen $\mathbb{R}^+$ an, also $h : T \to \mathbb{R}^+$. Welche Forderungen stellt man an den Tonvorrat T und an die Abbildung h? Bei allen mathematischen Modellierungen hat es sich als zweckmäßig erwiesen, möglichst wenig einschränkende Bedingungen an den Anfang zu stellen. Als Mindestbedingung erscheint jedoch unverzichtbar, daß verschiedenen Tönen auch verschiedene Tonhöhen zugeordnet werden. Damit gelangen wir zu der folgenden sehr allgemeinen Definition.

Definition: Jede Abbildung $h : T \to \mathbb{R}^+$, bei der mit $t_1 \neq t_2$ auch $h(t_1) \neq h(t_2)$ gilt, heißt Tonsystem. Die Elemente von T heißen Töne. Für jedes $t \in T$ heißt $h(t)$ Höhe des Tons t.

Es sei angemerkt, daß der Mathematiker die für h genannte Bedingung als Injektivität bezeichnet.

Ein erstes Beispiel eines Tonsystems im Sinne dieser Definition ist das ptolemäische Tonsystem. Ein anderes, jedem Musikkenner vertrautes Tonsystem ist das folgende.

$$T = \{-48, -47, \ldots, 0, 1, \ldots, 36\}; \quad h(t) = 440 \cdot 2^{t/12}.$$

Der Tonvorrat des Klaviers ist hier durch die ganzen Zahlen von -48 bis 36 repräsentiert; dem Kammerton a′ entspricht die Zahl 0 und es ist $h(0) = 440$. Dieses Tonsystem gehört zur zwölfstufig gleichschwebenden Temperierung. Ein ganz anderes Tonsystem sieht folgendermaßen aus.

$$T = \mathbb{Q}^+, \text{ d.i. die Menge der positiven rationalen Zahlen;}$$
$$h(q) = q \text{ für jedes } q \in \mathbb{Q}^+.$$

Wieso ist plötzlich jede positive rationale Zahl ein Ton? Wie klingt z. B. der Ton $\frac{244}{15317}$? Diese nicht nur berechtigten, sondern notwendigen Fragen können nur in dem größeren Zusammenhang der allgemeinen Problematik mathematischer Modellbildung beantwortet werden. In der Tat ist die Abbildung $h : \mathbb{Q}^+ \to \mathbb{R}^+$, bei der $h(q) = q$ gilt, ein Tonsystem im Sinne unserer Definition; auf der Basis dieser Definition heißt dann jede positive rationale Zahl ein Ton des Tonsystems. Die entscheidende Nuance kann leicht übersehen oder überlesen werden: es *heißt* jede positive rationale Zahl ein *Ton des Tonsystems*. Mitnichten *ist* jede positive rationale Zahl ein *Ton*. Im Rahmen einer Mathematisierung erhalten vertraute Objekte neue Namen, die jedoch nur im Zusammenhang mit der speziellen Struktur verständlich sind und in Gebrauch genommen werden dürfen. Bei mathematischen Verallgemeinerungen – wie hier beim Tonsystem – können Bereiche oder Situationen als Beispiel auftreten, die nur noch wenig Verwandtschaft mit dem eigentlichen Anlaß – hier dem ptolemäischen Tonsystem – aufweisen. Die Mathematisierung ist in der Regel mit einem Realitätsverlust verbunden; durch die Distanz von Mathematik und Realität werden jedoch andererseits das Beispielreservoir und der Theorienreichtum erhöht. Im Einzelfall müssen Gewinn und Verlust gegeneinander abgewogen werden, wenn ein Ausschnitt der Wirklichkeit als Vorbild für eine abstrakte mathematische Definition genommen wird. Für eine mathematische Behandlung von Tonsystemen hat sich die hier genannte sehr allgemeine Definition bewährt. Wir schildern im folgenden einige Grundbegriffe dieser mathematisch orientierten Musiktheorie.

Ist $h : T \rightarrow \mathbb{R}^+$ ein Tonsystem, so heißt jede endliche Teilmenge von T ein Klang. Falls ein Klang aus n Tönen besteht, heißt er n-Klang. Intervalle des Tonsystems sind geordnete 2-Klänge. Dabei ist zu beachten, daß mit (t_1, t_2) auch (t_2, t_1) ein Intervall ist und daß diese beiden Intervalle verschieden sind. Jedem Intervall wird bezüglich des Tonsystems eine „Größe“ zugeordnet:

$$g(t_1, t_2) = \frac{h(t_2)}{h(t_1)}\,.$$

Für jedes Tonsystem gilt dann die von den Pythagoreern an den Anfang ihrer Harmonielehre gestellte Größenverträglichkeit:

$$g(t_1, t_3) = g(t_1, t_2) \cdot g(t_2, t_3)\,.$$

Auch der Begriff Oktave läßt sich für beliebige Tonsysteme einführen. Wir orientieren uns am ptolemäischen Tonsystem. Dort bildet ein Intervall (t_1, t_2) eine Oktave, wenn $g(t_1, t_2) = 2$; weiter gehen t_1 und t_2 durch (evtl. mehrfache) Oktavverschiebung auseinander hervor, wenn $g(t_1, t_2) = 2^\nu$ mit einem natürlichen Exponenten ν. Allgemein kann jede positive reelle Zahl p als Oktav-Basis eines

Tonsystems $h: T \rightarrow \mathbb{R}^+$ fungieren. Es ist (t_1, t_2) genau dann eine p-Oktave, wenn $g(t_1, t_2) = p$; p-Oktavverschiebung wird entsprechend durch $g(t_1, t_2) = p^\nu$ gekennzeichnet.

Auf dem Klavier klingen die Dreiklänge c–e–g und g–c′–e′ harmonisch verwandt; sie können durch Oktavverschiebung ineinander übergeführt werden. Ist $h: T \rightarrow \mathbb{R}^+$ ein Tonsystem mit Oktav-Basis p, so heißen zwei Klänge K und K′ harmonisch verwandt – man schreibt $K \sim K'$ –, wenn sie durch p-Oktavverschiebung ineinander übergeführt werden können. Diese Relation $\sim$ ist eine Äquivalenzrelation auf der Menge aller Klänge; die Äquivalenzklassen heißen Harmonien.

Im temperierten Tonsystem mit der natürlichen Oktav-Basis 2 bildet z.B. die Menge aller C-Dur-Dreiklänge eine Harmonie, ebenso die Menge aller b-moll-Dreiklänge. Hingegen ist die Gesamtheit aller Dur-Dreiklänge keine Harmonie. So sind die beiden Dreiklänge c–e–g und d–fis–a nicht harmonisch verwandt. Dennoch besteht eine auffällige Beziehung zwischen beiden Dreiklängen.

$$g(c, d) = 2^{1/6}; \quad g(e, fis) = 2^{1/6}; \quad g(g, a) = 2^{1/6}.$$

Man sagt: der Dreiklang c–e–g geht durch eine Translation in den Dreiklang d–fis–a über. Es ist klar, wie Translationen in allgemeinen Tonsystemen definiert sind. Jeweils alle Klänge, die durch Translationen ineinander übergeführt werden können, bilden eine sogenannte Klangform. In unserem Beispiel gehören c–e–g und d–fis–a zur selben Klangform. Zwei Intervalle (t_1, t_2) und (s_1, s_2) gehören dann zur selben Klangform, wenn $g(t_1, t_2) = g(s_1, s_2)$ oder $g(t_1 \cdot t_2) \cdot g(s_1, s_2) = 1$.

Nun ist es nur noch ein kurzer Weg zum Begriff der Harmonieform, es handelt sich jedoch um einen mathematischen Weg. Sowohl die Harmonien als auch die Klangformen bilden Klasseneinteilungen der Menge aller Klänge; zu diesen Klasseneinteilungen gehören Äquivalenzrelationen. Die gröbste Äquivalenzrelation, welche diese beiden Äquivalenzrelationen umfaßt, liefert als zugehörige Klasseneinteilung die Harmonieformen. Zwei Klänge gehören damit sicher dann zur selben Harmonieform, wenn sie durch Oktavverschiebungen und/oder Translationen ineinander übergeführt werden können. In der temperierten Stimmung gehören somit e–g–c′ und d–fis–a zur selben Harmonieform; allgemeiner bilden alle Dur-Dreiklänge eine Harmonieform, ebenso alle moll-Dreiklänge.

Im reinen Tonsystem $h : \mathbb{Q}^+ \to \mathbb{R}^+$ $[h(q) = q]$ mit der Oktavbasis 2 kann man zu jedem n-Klang $\{q_1, \ldots, q_n\}$ in einfacher Weise n ungerade Zahlen $u_1, \ldots, u_n$ mit $ggT(u_1, \ldots, u_n) = 1$ bestimmen, so daß $\{q_1, \ldots, q_n\}$ und $\{u_1, \ldots, u_n\}$ zur selben Harmonieform gehören. Jede Harmonieform läßt sich hier also durch ein System ungerader natürlicher Zahlen repräsentieren, deren größter gemeinsamer Teiler gleich eins ist.

Die letzten beiden Beispiele zeigen noch einmal deutlich die Konsequenzen einer mathematisch orientierten Musiktheorie. Mit der Harmonieform wird hier ein Begriff bereitgestellt, der die Gesamtheit aller Dur-Dreiklänge unter einem einheitlichen Gesichtspunkt zusammenfaßt. Die Theorie stellt also auch neue Aspekte für diejenige Musik bereit, die als Anlaß der Mathematisierung gedient hat. Es kommen jedoch durch die Theorie auch Beispiele in den Blick, die mit ursprünglichen Tönen und Klängen wenig gemein haben. Dazu gehören etwa die erwähnten Repräsentanten der Harmonieformen im reinen Tonsystem. Diese zweifache Konsequenz – neue Einsicht in vertraute Bereiche und Übertragung der Denkweise auf neue Bereiche – ist typisch für die Mathematisierung in allen Gebieten. Für die mathematisch orientierte Musiktheorie haben wir dieses methodische Vorgehen zu zeigen versucht; dabei mußten wir uns auf die Grundbegriffe beschränken. Einen Ausbau dieser Theorie hat in den letzten Jahren insbesondere Wille vorangetrieben.

VI. Geschichte und Mathematik

1. Einführung

Sowohl Geschichte als auch Mathematik sind als Wissenschaften in der klassischen Antike begründet worden. Im ersten Kapitel haben wir durch eine Analyse der ursprünglichen Bedeutung von „historia“ und „mathema“ bereits Beziehungen der beiden Disziplinen in der begrifflichen Fundierung kennengelernt. Darüberhinaus haben beide Wissenschaften in den drei Jahrhunderten ihrer Konstituierung einen auffallend ähnlichen Entwicklungsprozeß durchgemacht; diese Parallelität in den Anfängen beider Disziplinen wollen wir nachzeichnen und so eine weitere Gemeinsamkeit bzw. Analogie im Ursprung aufzeigen.

In der doch recht langen Zeit seit der Antike hat es nur vereinzelt Versuche gegeben, neue Brücken zwischen Geschichte und Mathematik zu bauen. Wir wollen in diesem Zusammenhang auf Leibniz und Husserl hinweisen.

Erst in der Gegenwart intensivieren sich die Kontakte zwischen den beiden Wissenschaften wieder. So stehen Chancen und Risiken mathematischer Methoden in der Geschichtswissenschaft derzeit im Brennpunkt der Diskussion. Weiter hat eine Neubesinnung und Neubestimmung innerhalb der Geschichtswissenschaft auch zu einer veränderten Auffassung von „Geschichte der Mathematik“ geführt. Schließlich soll noch angedeutet werden, wie der von Dilthey in die Diskussion um das Verhältnis von Geisteswissenschaft und Naturwissenschaft eingebrachte Begriff der Struktur eine neue Verwandschaft von Mathematik und Geschichtswissenschaft gestiftet hat.

2. Parallele Anfänge in der klassischen Antike

Die einzigartige Leistung der Griechen wird gern in der griffigen Aussage zusammengefaßt, daß sie den Übergang vom Mythos zum Logos vollzogen haben. Dieser Übergang ist insbesondere in zweierlei Hinsicht bemerkenswert. Zum einen ereignet er sich in vielen Bereichen nahezu gleichzeitig; zum anderen wird er in einer relativ kurzen Zeitspanne von knapp dreihundert Jahren durchgeführt, wobei viele Jahrhunderte stabiler Tradition vorangingen und auch folgen sollten. Wir wollen hier die damalige Wandlung sowohl von Geschichte als auch von Mathematik etwas genauer analysieren; dabei werden wir erkennen, daß in beiden Fällen ein und dieselbe geistige Grundhaltung für den Prozeß bestimmend gewesen ist.

Der Übergang in der Mathematik beginnt mit Thales von Milet in der ersten Hälfte des 6. Jahrhunderts v. Chr. und erreicht mit den Elementen des Euklid noch vor Ende des 4. Jahrhunderts seinen Abschluß. Thales fand eine mehr als tausendjährige Tradition ägyptischer und babylonischer Mathematik vor. Dort handelte die Mathematik von 20 Bootsmännern, 100 Broten, einem Kanal, 8 Arbeitern usw. und es ging um Verteilung, Tausch oder Arbeitszeit. Dabei wurde jeweils zu konkreten Aufgaben die Lösung explizit bestimmt. Ein völlig neues Kapitel der Mathematik eröffnet Thales mit Aussagen folgender Art.

1. Der Kreis wird durch den Durchmesser halbiert.
2. In jedem gleichschenkligen Dreieck sind die Basiswinkel gleich.
3. Scheitelwinkel an sich schneidenden Geraden sind gleich.
4. Zwei Dreiecke, die in einer Seite und zwei Winkeln übereinstimmen, sind gleich.

Hier ist erstmals die Rede von *dem* Kreis, von *jedem* gleichschenkligen Dreieck; es werden nicht konkrete Situationen vorgeführt, sondern Behauptungen in Gestalt allgemeingültiger Aussagen formuliert. Diese neuen Sätze des Thales brechen in der Weise mit der damaligen mathematischen Tradition, als sie einen völlig neuartigen Wahrheitsanspruch erheben. Um diesen Anspruch einzulösen, bedarf es eines Beweises; dergleichen hat es weder in der ägyptischen noch in der babylonischen Mathematik gegeben. Thales hat wirklich Beweise geführt; man nimmt an, daß er mit Symmetrieargumenten gearbeitet hat. Von Thales selbst ist leider keine Zeile überliefert, doch gelten die Berichte aus zweiter Hand – etwa bei Proklus – als verläßlich. Was hat nun Thales zu dieser neuen Denkart veranlaßt? v. d. Waerden sagt dazu: „Ich nehme an: Irgend jemand, der von der babylonischen Geometrie einiges wußte, hat Thales Rechenmethoden ohne Beweisführungen mitgeteilt, wie wir sie in den Keilschrifttexten finden, zum Beispiel die genaue Formel für den Flächeninhalt des Dreiecks, eine sehr grobe annäherungsweise Berechnung des Kreisinhalts und eine falsche Formel für das Volumen des Kegelstumpfes. Wie sollte man in einer solchen Situation wissen, welche dieser Ergebnisse exakt waren? Thales fand ein Mittel: die Beweisführung." [v.d. Waerden, 1968, S. 47/48].

Thales hat durch neuartige Aussagen den Inhalt mathematischen Denkens radikal verändert und mit dem Beweis eine zuvor nicht gekannte Methode neu konzipiert. Aber die neuen Sätze stehen noch isoliert nebeneinander. Der nächste entscheidende Schritt ist den Pythagoreern gelungen: sie haben die neuen Inhalte und Methoden zu in sich abgeschlossenen mathematischen Theorien ausgebaut. Sowohl in der Arithmetik als auch in der Geometrie entwickeln die Pythagoreer einen neuen Umgang mit Mathematik. Es wird jeweils begonnen mit einer intuitiv richtigen Basisaussage oder auch einer präzisen Definition und dann wird durch eine konsequente Folge von kontrollierten Schlüssen die Wahrheit eines Satzes abgeleitet. Dabei haben die Pythagoreer klar erkannt, daß bei Verwendung von korrekten Schlüssen die Wahrheit der Konklusion nur von der Wahrheit der Prämissen abhängt; hier wird also das Prinzip des deduktiven Schließens in die Mathematik eingeführt. Man kann auch sagen, daß die Pythagoreer den Begriff der Kausalität, die Grund-Folge-Relation in die Mathematik hineingetragen haben.

Euklid hat mit einer beispielhaften Synopse die Mathematik seiner Zeit zusammengefaßt und zugleich durch Art und Weise der Repräsentation das neue Wissenschaftsideal in eine endgültige Form gebracht. Seine „Elemente" sind für viele Jahrhunderte Maßstab sowohl für mathematisches Denken als auch für die Darstellung von Mathematik geblieben. Bis in unser Jahrhundert wurden die „Elemente" Euklids als Lehrbuch an Schulen und Hochschulen genutzt.

In der Geschichte hat sich der Übergang vom Mythos zum Logos ebenfalls in drei Phasen vollzogen. Die Parallelität zum Übergang in der Mathematik veranschaulicht folgende schematische Zuordnung derjenigen Denker, die den jeweils nächsten Schritt zuerst gegangen sind

Mathematik	Geschichte
ägyptische und babylonische Mathematik	Beschreibung der Vergangenheit in Sage und Epos sowie Chronik und Journal
Thales	Hekataios
Pythagoreer	Herodot
Euklid	Thukydides

Geschichtliches Denken hat sich aus dem Bemühen entwickelt, das Geschehen, welches den Menschen betrifft, in der Erinnerung zu bewahren und also vor dem Vergessen zu schützen. In diesem Bereich übernehmen die Griechen eine doppelte Tradition. Es gab einerseits Epos und Sage, lebendig zwar, doch unzuverlässig – andererseits gab es Chroniken und Journale, diese waren immerhin genau, bestanden aber aus bloßer Aufzählung zusammenhangloser Fakten. Eine völlig neue Auffassung im Umgang mit dem Geschehen wird durch Hekataios von Milet begründet. Er betrachtet das Geschehen unter einheitlichen Ordnungsprinzipien und stellt auch neue Anforderungen an die Wahrheit geschichtlicher Überlieferung: „Dieses schreibe ich, wie es mir wahr zu sein scheint. Denn der Hellenen Reden sind viele und lächerliche, wie sie sich mir darstellen." [Zitiert nach Schadewaldt 1982, S. 99].

Von Hekataios selbst sind Beispiele überliefert, wie er dem von ihm neu präzisierten Wahrheitsanspruch gerecht zu werden versuchte. In einer Sage hieß es, Danaos habe 50 Töchter gehabt und Aegyptos 50 Söhne; das schien Hekataios unglaubwürdig, er reduzierte die Anzahl auf 20. Auch war überliefert, Herakles sei am Tainarongebirge mit einem Höllenhund gesichtet worden. Hekataios gab genaue Gründe an, warum dies nicht der Wahrheit entsprechen könne; er rettete jedoch den Kern der Überlieferung, indem er aus dem Hund eine Schlange machte, die „Hund des Hades" hieß.

Wie bei Thales mit ersten Beweisversuchen und allgemeingültigen Aussagen die Mathematik in neue Bahnen gelenkt wurde, so brachte Hekataios die Geschichte mit bis dahin unbekannten Ordnungsprinzipien und Wahrheitsforderungen auf einen neuen Weg.

Die Pythagoreer haben im Anschluß an Thales erste kleine Theorien in Geometrie und Arithmetik entwickelt sowie Kausalketten des Schließens konzipiert und analysiert. Die analoge Leistung in der Geschichte vollbrachte Herodot; er gilt als der erste Geschichtsschreiber. Herodot fragte – über Hekataios entscheidend hinausgehend – nach Ursachen und Schuld bei Streitigkeiten und Kriegen; in seiner Darstellung beschränkte er sich auf wißbare Überlieferung, berief er sich auf Augenzeugen. In genauer Analogie zu den Pythagoreern führte Herodot das Prinzip der Kausalität, also die Grund-Folge-Relation, in die Geschichte ein. Das Analogon zu Euklid schließlich finden wir in Thukydides; bei ihm wurde historische Kritik als Methode entwickelt und die geschlossene Darstellung als Ziel der Geschichtsschreibung bestimmt.

Ein gemeinsamer Blick auf die Übergänge vom Mythos zum Logos bei Mathematik und Geschichte zeigt auffällige Übereinstimmungen: Überlieferungen und Traditionen wurden radikal in Frage gestellt und in beiden Bereichen wird der Versuch einer neuen, rational gesicherten Weltorientierung gewagt. Thales und Hekataios haben die Anstöße gegeben – bei den Pythagoreern und bei Herodot wurden die neuen Ideen weiter entfaltet, doch auch Grenzen aufgezeigt – bei Euklid und Thukydides kam die Entwicklung jeweils zu einem vorläufigen Abschluß; nach relativ kurzer Zeit hat sich in Mathematik und Geschichte ein neues Wahrheitsparadigma, eine neue Wissenschaftsauffassung etabliert. Bei allen Unterschieden im Detail sind beide Entwicklungen doch weitgehend parallel verlaufen.

3. Geschichtsschreibung nach mathematischem Vorbild: Leibniz

Im Jahre 1566 veröffentlichte Bodin eine Rangordnung der Erkenntnismöglichkeiten in den Wissenschaften: Geschichte stufte er besonders niedrig ein, bessere Erkenntnismöglichkeiten sah er in den Naturwissenschaften, noch bessere in der Mathematik; die höchste Stufe der Erkenntnis war der Theologie vorbehalten, da in ihr Wahrheiten nicht als Ergebnis von Argumentationen gewonnen wurden, sondern durch göttliche Offenbarung. An dieser Rangordnung hatte sich auch im 17. Jahrhundert kaum etwas geändert. Die

Erfolge der Mathematik in den Naturwissenschaften stärkten deren Positionen; der Pyrrhonismus mit seinem erkenntnistheoretischen Skeptizismus stand in hohem Ansehen und sprach der Geschichtswissenschaft kaum den Rang einer Wissenschaft zu. Diese Situation fand Leibniz (1646–1716) vor, als er der Geschichtswissenschaft neue Impulse zu verleihen suchte. Er vertrat die Auffassung, der methodische (nicht der inhaltliche) Skeptizismus der Pyrrhonisten müsse Ausgangspunkt für eine Neuerung der Geschichtswissenschaft sein. Mit intensivierter historischer Kritik schwebte ihm gesicherte Wahrheit auch für geschichtliche Zusammenhänge vor. So erhob er die Forderung nach einer exakten Geschichtswissenschaft mit der mathematischen Naturwissenschaft als Vorbild. Die Schwierigkeiten für eine Realisierung dieses Vorhabens sah Leibniz sehr wohl. Er schlug deshalb eine Teilung vor: in Bereiche der Geschichte, in denen Exaktheit möglich und nötig ist sowie in Bereiche, die nur bedingt Genauigkeit zulassen. Mit anderen Worten: ihm schwebte eine Unterteilung in objektive und subjektive Geschichtsschreibung vor; er prägte dafür die Begriffe „Historia publica“ und „Historia arcana“. Der objektive Teil sollte die in der Antike an „mathema“ geknüpfte Forderung erfüllen und ohne Rest bzw. Verlust übertragbar sein. Für die „Historia arcana“ nannte Leibniz als oberstes Gebot, daß Wahres nicht verschwiegen werde.

Die beste Möglichkeit einer Geschichtsschreibung nach mathematischem Vorbild sah Leibniz in der Chronologie und in der Genealogie. Falls es die Quellenlage gestatte und wenn die Quellenkritik hinreichend ausgebildet sei, könne hier Geschichte mit einem Wahrheitsanspruch von gleichem Rang wie in der Mathematik dargestellt werden. In einem vom 25. Mai 1700 datierten Entwurf für eine „Societät der Wissenschaften in Berlin“ plaziert Leibniz folgerichtig die Chronologie als Teildisziplin der Mathematik: „Reale Wissenschaften sind mathesis und physica; bey beiden sind vier Hauptstücke. Bey mathesi diese: geometria, darunter man mathesin generalem oder analysin begreifet, so den andern allen das Liecht anzündet; astronomia, worunter auch in der That geographia und chronologia ...“ [Leibniz 1877, S. 305].

4. Ein Weg in die Geschichte entlang der Geometrie: Husserl

Edmund Husserl (1859–1938) hielt im Mai 1935 in Wien einen Vortrag mit dem Titel „Die Philosophie in der Krisis der europäischen Menschheit". Nach eigenen Angaben hat Husserl den Vortrag ohne fertiges Manuskript, also hauptsächlich frei gehalten; in der Folgezeit hat er jedoch die Thematik in Manuskripten und Entwürfen ausgearbeitet. Das Ergebnis ist ein Opus von über 500 Seiten, bestehend aus einem Haupttext sowie umfangreichen Ergänzungen und Beilagen. Die Beilagen waren ursprünglich persönliche Forschungsmanuskripte und nicht für eine Veröffentlichung geplant. Uns interessiert hier die Beilage III [Husserl 1962; S. 365–386]; sie wurde 1939 – also nach Husserls Tod – von E. Fink unter dem Titel „Die Frage nach dem Ursprung der Geometrie als intentionalhistorisches Problem" separat veröffentlicht. J. Derrida hat dieser Abhandlung einen umfangreichen Kommentar gewidmet.

Warum ist diese zwanzigseitige Beilage im Hinblick auf die Beziehungen zwischen Geschichte und Mathematik von Bedeutung? Eine Antwort ist einfach: die Arbeit beginnt mit der Frage nach dem ursprünglichen Sinn der überlieferten Geometrie und endet mit einem Plädoyer für den Apriori-Charakter der Geschichtswissenschaft. Ausgehend von einer Frage nach bestimmten Grundlagen der Mathematik führt also für Husserl die Entfaltung der Antwort auf eine geometrische Problemstellung zwangsweise zu einer Aussage über die Wissenschaft Geschichte. Wir versuchen, Husserls Gedankengang in einer Kurzfassung nachzuzeichnen.

Husserls Frage gilt zunächst den Grundbegriffen der Geometrie, und zwar wird die Startfrage folgendermaßen präzisiert [Husserl 1962; S. 369]: „Problem: Wie kommt die geometrische Idealität (ebenso wie die aller Wissenschaften) von ihrem originären innerpersonalen Ursprung, in welchem sie Gebilde im Bewußtseinsraum der ersten Erfinderseele ist, zu ihrer idealen Objektivität?" Es wird dann weiter ausgeführt, daß eine rein erkenntnistheoretische Antwort auf diese Frage nicht gegeben werden kann, wie überhaupt eine rein erkenntnistheoretische Begründung von Wissenschaft nicht möglich ist. „... eine vorgegebene Kulturtatsache überhaupt verstehen, das heißt schon, ihrer Geschichtlichkeit bewußt sein" [S. 379]. Das Problem geometrischer Grundlagen führt also auf die geschichtliche Komponente zunächst von Geometrie, doch weitet sich der Horizont rasch und umfaßt dann das Phänomen von Geschichte allgemein [S. 380]:

„Also Evidentmachung der Geometrie ist, ob man sich das klarmacht oder nicht, Enthüllung ihrer historischen Tradition. Nur erfordert diese Erkenntnis, um nicht leere Rede bzw. undifferenzierte Allgemeinheit zu bleiben, eine von der Gegenwart her und ⟨in⟩ ihr forschend vollzogene und methodische Herstellung von differenzierten Evidenzen jener oben (in einigen Stücken des ihr sozusagen oberflächlich Zugehörigen) herausgestellten Art. Systematisch durchgeführt, ergeben sie nichts anderes und nichts minderes als das universale Apriori der Geschichte in seinen höchst reichhaltigen Beständen."

Am Beispiel der Geometrie wird sodann aufgezeigt, daß in der Wissenschaft erkenntnistheoretische Begründung und historische Erklärung nicht getrennt werden dürfen. Doch dann entfernt sich der Gedankengang immer mehr von der Geometrie, um in eine Analyse von Geschichte und Geschichtlichkeit einzumünden. Im letzten Zitat war ja schon vom universalen Apriori der Geschichte die Rede. Diesem Begriff widmet sich Husserl nun im letzten Drittel der Beilage. Die Forderung der Geschichtswissenschaft und allgemeiner der Geisteswissenschaft, zu schildern „wie es wirklich gewesen ist", kann nach Husserl nicht erfüllt werden. Denn historische Fragen können nicht unbefangen, also nicht ohne Voraussetzungen gestellt werden [S. 385]: „Es ist uns aber auch klar geworden, daß jede Feststellung einer historischen Tatsache, die Anspruch auf unbedingte Objektivität erhebt, ebenfalls dieses invariante oder absolute Apriori voraussetzt." Reine Tatsachenhistorie gibt es nach Husserl nicht; geschichtliches Fragen ist für ihn nur auf der Basis eines ursprünglichen Apriori möglich. Damit schließt diese Beilage. Die erkenntnistheoretische Startfrage nach dem ontologischen Status von den geometrischen Entitäten wurde zunächst in eine historisch orientierte Frage übergeführt, die dann schließlich in eine Erörterung geschichtlichen Wissens überhaupt mündete.

Der von Husserl mit Nachdruck herausgestellte Apriori-Aspekt geschichtlicher Betrachtung ist der heutigen Geschichtswissenschaft durchaus geläufig; Mitte der dreißiger Jahre war dies aber eine kühne, fast schon revolutionäre These.

5. Mathematische Methoden in der Geschichtswissenschaft

In diesem Abschnitt greifen wir in ein schwebendes Verfahren ein: die Mathematisierung der Geschichtswissenschaft wird derzeit engagiert diskutiert, teils kontrovers, mitunter sogar polemisch – dabei findet die Diskussion fast ausschließlich im Fachbereich Geschichtswissenschaft statt; Mathematiker sind kaum beteiligt.

Angesichts der Dynamik des Themenfeldes versuchen wir nicht, fertige Resultate zu präsentieren; stattdessen wollen wir einige Detailprobleme aufzeigen und Tendenzen andeuten.

Fast jede Wissenschaft wurde in unserem Jahrhundert von einem Paradigmen- und Methodenwechsel erschüttert. Für die Mathematik brauchen wir das hier nicht zu wiederholen. In der Geschichtswissenschaft sind die Veränderungen nicht weniger revolutionär. Noch im vorigen Jahrhundert bildeten den Forschungsgegenstand des Historikers: Staatsaktionen, nationale und internationale Konferenzen, Ausnahmepersönlichkeiten und ihre Entscheidungen. Sozialer Wandel oder Familienstruktur hingegen waren nicht Gegenstand historischer Forschung. Die Beispiele sollen deutlich werden lassen: das Interesse der Geschichtswissenschaft galt dem unwiederholbaren Einzelfall, dem Außergewöhnlichen, dem Individuellen, der Einmaligkeit. Methodisch versuchte man den singulären Ereignissen in der Weise gerecht zu werden, daß man möglichst genau recherchierte, wie es wirklich gewesen war.

Die heutige Geschichtswissenschaft hat andere Gegenstandsfelder: Familienforschung, Streikforschung, soziale Schichtung usw. Gerade nicht die Einzahl, sondern die Vielzahl der beteiligten Objekte, Aspekte, Zeitpunkte ect. wird betrachtet und untersucht. Entsprechend haben sich auch die Methoden geändert. Ganz wesentlich ist dabei zunächst einmal die Apriori-Komponente der Geschichtswissenschaft [Hübner 1976]. Damit öffnet sich auch diese Wissenschaft dem axiomatischen Denken, der Modellbildung, der Analogiemethode usw. – aber man beachte: sich öffnen heißt nicht sich ausliefern. Weiter erfordert das wesentlich umfangreichere Quellen- und Datenmaterial neue Forschungsstrategien. Die beiden genannten Neuerungen – „Apriori-Aspekt" und „Daten-Flut" – signalisieren nun zwangsläufig Kontakte zur Mathematik, und zwar in zweierlei Hinsicht: einmal können mathematische Denkformen als Vorbild oder Raster für historische Betrachtung dienen; zum anderen kann mit Methoden der mathematischen Statistik das umfangreiche Datenmaterial sortiert und interpretiert werden. Eine für die Mathematik in unserem Jahrhundert typische Betrachtungsweise besteht darin, daß man konkrete Bereiche unter jeweils ganz bestimmten Aspekten analysiert. So untersucht man nicht „die reellen Zahlen" schlechthin, sondern man betrachtet die reellen Zahlen als geordneten Körper oder als topologischen Körper oder hinsichtlich ihrer Struktur als additive Gruppe usw. Der Untersuchungsgegenstand – hier: die reellen Zahlen – wird also im Hinblick auf ein ganz bestimmtes Beobachtungsraster oder auch zuvor festgelegtes Ordnungsmuster bearbeitet. Eine solche Vorgehensweise gewinnt auch in der Geschichtswissenschaft zunehmend an Bedeutung. Auch hier werden die Untersuchungsgegenstände nach zuvor festgelegten Gliederungsprinzipien und Leitideen analysiert. So schreibt etwa Heuss in seinem umfangreichen Werk über die römische Geschichte: „Die Absicht des Verfassers war auf ein anderes Ziel gerichtet: Anstatt der Veranschaulichung vieler Ereignisse, sollte eine durchsichtige, die Erkenntnis fördernde Gliederung der Tatsachenmasse vermittelt und damit ein orientierender Leitfaden gegeben werden. So merkwürdig es klingt, man hat sich mit dieser Seite des komplexen Fragenkreises noch wenig beschäftigt. Das sachliche Prinzip hierfür war der Begriff der Revolution, woraus sich die Aufgabe ergab, den Stoff nach den Phasen des revolutionären Prozesses zu gliedern und diesen in seiner jeweiligen Struktur möglichst klar heraustreten zu lassen." [Heuss 1976, S. 558]. Hier liefert also der Begriff der Revolution das Ordnungsraster, welches die Untersuchung und Darstellung durchgängig bestimmt.

Die Bedeutung des Kontakts zur Mathematik wird von den Historikern hoch eingeschätzt: „Das Problem der Mathematisierung rührt nämlich an den Begründungszusammenhang von Geschichte als Wissenschaft, und zwar dann, wenn mittels Quantifizieren ein Fortschreiten vom Impliziten zum Expliziten möglich wird. Wahrscheinlich sind die Wirkungen auf die Geschichtswissenschaft noch weitreichender." [Groh-Wirtz 1983, S. 195] Die Verwendung mathematisch-statistischer Verfahren in der Geschichtswissenschaft steht unter der Überschrift „Quantifizierung". Darüber heißt es [Groh-Wirtz 1983; S. 196]: „Quantifizierung ... kann somit zu einem Verfahren werden, das den Charakteristika, ja den konstituierenden Merkmalen des historischen Prozesses in ganz spezifischer Weise gerecht wird.“ Beispiele dieser Quantifizierung findet man bei Jarausch-Arminger-Thaller [1985].

Es soll nicht verschwiegen werden, daß es auch Kritiker gibt, die der Mathematisierung in der Geschichtswissenschaft mit Skepsis begegnen. Möglicherweise wurden auch zu Beginn dieser Entwicklung Erwartungen an die Mathematik gestellt, die diese bei bestem Willen nicht erfüllen konnte. Auffällig ist, daß die Befürworter einer Mathematisierung der Geschichtswissenschaft sich selbst einem Rechtfertigungszwang unterwerfen.

6. Geschichte der Mathematik

Eine wesentliche Neuerung der Geschichtswissenschaft haben wir in den beiden vorangehenden Abschnitten mit unterschiedlicher Akzentuierung erfahren: Geschichte ist heute keine Disziplin, die aposteriori zu beschreiben sucht, „wie es wirklich war“; stattdessen geht Geschichte von Apriori-Annahmen aus, ist also aspektisch. Diese veränderte Auffassung der Wissenschaft Geschichte hat auch einschneidende Konsequenzen für Aufgabenstellung, Methode und Forschungsstrategie von Geschichte der Mathematik impliziert.

Bis in die fünfziger Jahre unseres Jahrhunderts bestand Geschichte der Mathematik ganz wesentlich aus der Analyse originärer mathematischer Erkenntnisse; wer für welche Reihe wann und auf welchem Weg die Summe bestimmt hatte – das war die Frage. Heute meint man, daß dies nur ein Aspekt von Geschichte der Mathematik ist; daneben gibt es eine Vielzahl anderer Sichtweisen und Fragestellungen, mit denen man die Entwicklung von Mathematik aufhellen kann. So hat sich in der Geschichte der Mathematik ein sehr breites Forschungsspektrum ergeben. Ohne Anspruch auf Vollständigkeit nennen wir einige typische Forschungsrichtungen.

1. Biographische Geschichte der Mathematik.
Bei Mathematikern mit außergewöhnlichen Forschungsergebnissen gilt das Interesse späterer Generationen nicht nur dem Werk, sondern auch der Person. Man möchte das Umfeld kennen lernen,

aus dem heraus die faszinierenden neuen Resultate erwachsen sind. Die dafür geeignete Darstellungsform ist die Biographie, z. B. von Gauß, Cantor oder Hilbert.

2. Problemgeschichte der Mathematik.
Schon häufig hat ein ganz bestimmtes Problem die Entwicklung der Mathematik über einen langen Zeitraum nachhaltig beeinflußt. Zum Beispiel bemühen sich die Mathematiker seit mehr als dreihundert Jahren um die Lösung des Fermat-Problems, also um eine Entscheidung über die große Fermat-Vermutung. Während dieses Manuskript geschrieben wird, steht eine Lösung noch aus. Aber aus dem Umgang mit dem Problem ist in der zweiten Hälfte des vorigen Jahrhunderts die algebraische Zahlentheorie entstanden, eine bis in die Gegenwart hinein sehr forschungsintensive Theorie. Auch hat die algebraische Geometrie in unserem Jahrhundert entscheidende Impulse durch das Fermat-Problem erhalten. Die Geschichte der Mathematik ist also auch eine Geschichte ihrer zentralen Probleme.

3. Ideengeschichte der Mathematik.
Der Ursprung von mathematischen Theorien wird häufig sowohl durch innermathematische als auch außermathematische Komponenten bestimmt. Dabei werden in der Regel neue Ideen über Aufgabenstellung und Zielorientierung in mathematische Sprache und Denkweise umgesetzt. Ein Beispiel dazu ist die Pluralisierung der Geometrie im 18. und 19. Jahrhundert. Seit der klassischen Antike gab es die Idee der einen Geometrie, welche auf den wirklichen Raum, in dem wir leben, bezogen ist. Erst als diese Idee der Bindung von Geometrie an Wirklichkeit aufgehoben wurde und sich eine neue Idee von Aufgabe und Zielsetzung der Geometrie durchsetzte, konnte statt der einen Geometrie eine Vielzahl von Geometrien Hausrecht in der Mathematik erhalten.

4. Sozialgeschichte der Mathematik.
Mathematik wird von Mathematikern getrieben und diese Mathematiker leben in einer umfassenden Lebensgemeinschaft mit Nichtmathematikern zusammen. Mathematik und die Gruppe der Wissenschaftler dieser Disziplin sind also eingebettet in eine äußerst komplexe soziale Gemeinschaft. Zustand und Wandlungen dieser

Gemeinschaft sowie Veränderungen in der Plazierung von Mathematik innerhalb der Gemeinschaft bewirken nun Konsequenzen für die Entwicklung der Wissenschaft Mathematik. Diese Abhängigkeit von Mathematik und sozialer Gemeinschaft ist Untersuchungsgegenstand einer Sozialgeschichte der Mathematik.

5. Kulturgeschichte der Mathematik.
Die Wissenschaften sind Bestandteil einer Kultur. Grundlegende Voraussetzungen und Randbedingungen einer Kultur legen fest, welche Formen von Wissen und Wissenschaft innerhalb eines Kulturkreises überhaupt akzeptiert werden. So gab es in der klassischen Antike Wissen nur vom unwandelbar Seienden. Wir haben in IV.2 darauf hingewiesen, daß hier der Grund dafür zu sehen ist, warum in der griechischen Mathematik die Zahl Null nicht vorkommt. Die Abhängigkeit der Mathematik von der Kultur, in die sie eingelagert ist, wird in einer Kulturgeschichte der Mathematik untersucht.

6. Philosophische Geschichte der Mathematik.
Alle Wissenschaften haben zu jeder Zeit in einer Verbindung mit der Philosophie gestanden. Mathematik hat sogar stets eine besonders enge Bindung zur Philosophie gehabt; Mathematik und Philosophie haben einander in der Vergangenheit gegenseitig angeregt, bekämpft, geachtet und verachtet. In der philosophischen Geschichte der Mathematik wird diese Beziehung unter historischem Aspekt analysiert.

7. Ein gemeinsamer Schlüsselbegriff im 20. Jahrhundert: Struktur

In der gegenwärtigen Mathematik untersucht man algebraische und topologische Strukturen, für einen Historiker sind heute politische und soziale Strukturen von Interesse. Der Begriff Struktur hat in fast allen Wissenschaften Konjunktur, doch scheinen Mathematik und Geschichtswissenschaft hier eine Sonderrolle einzunehmen. Wenn man sagt, daß die Mathematik in unserer Zeit eine Wissenschaft von Strukturen sei, so ist dies sicher eine verkürzte, aber doch auch recht treffende Kennzeichnung. Die Mathematiker selbst verwenden den Begriff Struktur, ohne dabei über Nutzen und Nachteil des Begriffs für die eigene Wissenschaft zu diskutieren oder gar in Streit zu geraten. Unter Historikern hat jedoch eine intensive Diskussion darüber stattgefunden, ob der Strukturbegriff überhaupt ein zentraler Begriff der Geschichtswissenschaft sei; heute ist auch in dieser Disziplin die Struktur ein Begriff, auf den nicht verzichtet werden kann. Wir wollen Gemeinsames und Trennendes aufspüren im Umgang mit dem Begriff Struktur bei Mathematikern und Historikern.

Es besteht heute weitgehend Konsens, daß Wilhelm Dilthey (1833–1919) den Strukturbegriff in der Weise eingeführt und verwendet hat, wie er dann von allen Wissenschaften aufgenommen und nach jeweils spezifischen Gesichtspunkten ausgestaltet worden ist. In den zwischen 1880 und 1890 geleisteten Vorarbeiten zum zweiten Band der „Einleitung in die Geisteswissenschaften" benutzt Dilthey den Begriff Struktur bei der Erläuterung des Verstehens: „In irgendeiner noch dunklen Weise wird bei dauernder Aufmerksamkeit auf einen inneren Zustand derselbe in der Struktur des ganzen Seelenlebens gleichsam lokalisiert." [Dilthey 1982, S. 277]. Möglicherweise ist ihm selbst nachträglich bewußt geworden, daß „Struktur des ganzen Seelenlebens" eine Erläuterung gut vertragen kann; jedenfalls notiert er außerhalb des Textes dazu: „Um diese handelt es sich immer: Struktur ist alles. Und unvermeidlich ist der Zirkel: Aus dem Inbegriff der Data, welche ich habe, stelle ich den Zusammenhang einer seelischen Struktur her, in welchem ich das Einzelne aus dem Ganzen, das Ganze aus dem Einzelnen interpretiere". [Dilthey 1982, S. 446]. Eine bessere Hinführung zum Strukturbegriff dürfte es auch heute noch nicht geben; charakteristisch ist gerade, daß hier das Einzelne aus dem Ganzen und zugleich das Ganze aus dem Einzelnen gedeutet wird. Es wird also das Verhältnis einer Vielheit zu einer Einheit in den Blick genommen. Die Frage, ob die Vielheit durch Aufteilung einer Einheit oder ob die Einheit durch Zusammenfassung einer Vielheit entsteht, wird durch den Strukturgedanken mit einem „sowohl – als auch" zu beantworten versucht. Mit dem Begriff Struktur soll also die Spannung zwischen Vielheit und Einheit nicht zu Gunsten einer der beiden Komponenten abgebaut sondern gerade aufrecht erhalten werden; damit wird diese Spannung selbst zum Rahmen wissenschaftlicher Bemühung. In diesem Sinne hat der Strukturbegriff sowohl in die Mathematik als auch in die Geschichtswissenschaft Eingang gefunden.

In der gegenwärtigen Mathematik ist der Strukturgedanke in zumindest zwei verschiedenen Bedeutungen wirksam, die nicht verwechselt werden sollten. Wir erläutern dies an der algebraischen Struktur Gruppe. Einerseits geht es um die Spannung bzw. das Verhältnis der durch Gruppenaxiome definierten (einen) Gruppe zu den vielen konkreten Realisierungen. Andererseits geht es um die durch das Axiomensystem definierte Gruppe selbst; hier handelt es sich um das Verhältnis des Ganzen zu seinen Ingredienzen, nämlich der Trägermenge, den Elementen, der Verknüpfung. Im Sinne der ersten Bedeutung spricht man dann von der gruppentheoretischen Struktur der ganzen Zahlen oder man bemerkt, daß gewisse Kristallsymmetrien eine Gruppenstruktur haben. Bei der zweiten Bedeutung weist man gern darauf hin, daß weder die Elemente zu einer Gruppe zusammengefügt werden noch daß eine primär gegebene Gruppe nachträglich in Bestandteile zerlegt wird. Beide Verwendungsformen des Strukturbegriffs in der Mathematik genügen ohne Frage der Forderung Diltheys, daß sowohl das Einzelne aus dem Ganzen als auch das Ganze aus dem Einzelnen interpretiert werden muß.

Unter Historikern hat es in den vergangenen dreißig Jahren eine intensive Debatte gegeben über den Begriff Struktur und seine Verwendung. Inzwischen hat sich die Struktur jedoch auch in der Geschichtswissenschaft als Schlüsselbegriff etabliert. Er wird hier in einer Weise verwendet, die jener Bedeutung analog ist, die wir in der Mathematik als erste geschildert haben. Dort ging es um das Verhältnis der vielen Beispiele zu der einen Gruppenstruktur. In der Geschichte geht es in genauer Entsprechung um das Verhältnis von vielen Ereignissen zu einer speziellen Geschichtsstruktur oder auch Geschehensstruktur. Es besteht eben sowohl ein gehöriger Unterschied als auch ein unauflösbarer Zusammenhang zwischen konkreten Revolutionen als Ereignissen und der durchgängigen Struktur von Revolutionen überhaupt. Für Ereignisse und Strukturen wurden auch unterschiedliche Betrachtungsweisen vorgeschlagen: Ereignisse sollten erzählt werden, Strukturen sollten beschrieben werden. Aber ohne Zweifel wird auch hier der Begriff Struktur im Sinne Diltheys in Gebrauch genommen: die vielen Einzelnen und das eine Ganze sind zugleich Bedingung und Bedingtes.

Dilthey hat mit dem Strukturbegriff ganz offensichtlich eine Denkform geschaffen, die in vielen Wissenschaften als Schlüsselbegriff fungiert. Der Strukturbegriff erweist sich als notwendig und wertvoll in der Analyse des Verhältnisses der vielen Wissenschaften zur einen Idee von Wissenschaft, er hilft damit zugleich zum Verständnis von Wissenschaft als Struktur.

Wir haben im zweiten Abschnitt dieses Kapitels auf die gemeinsamen Ursprünge von Mathematik und Geschichtswissenschaft in der klassischen Antike hingewiesen. In den Jahrhunderten danach entwickelten sich beide Disziplinen weitgehend unabhängig voneinander; es gab nur wenige Berührungspunkte. Vor mehr als zweitausend Jahren hatten sich die Wege getrennt; der Begriff Struktur hat Mathematik und Geschichtswissenschaft in unserem Jahrhundert einander wieder näher gebracht.

VII. Recht und Mathematik

1. Einführung

Erste enge Beziehungen zwischen Mathematik und Recht bestehen bereits bei Platon und Aristoteles. Seither hat es in allen Epochen abendländischer Kultur intensive Begegnungen zwischen den beiden Disziplinen gegeben; in einer sehr umfangreichen Untersuchung hat v. Stephanitz den Einfluß von Naturwissenschaft und Mathematik auf Rechtsdenken und Rechtswissenschaft von der klassischen Antike bis zur Mitte unseres Jahrhunderts detailliert dargestellt.

Im zwanzigsten Jahrhundert ist eine starke Intensivierung der Beziehungen zwischen Recht und Mathematik zu beobachten. Im Zentrum der Diskussion stehen dabei Fragen der Formalisierung und der Axiomatisierung. Leider bleibt die Erörterung oft im Grundsätzlichen gefangen. Auch sollte nicht verschwiegen werden, daß die Diskussion häufig kontrovers geführt wird und Konvergenztendenzen in Richtung auf einen Konsens kaum sichtbar sind.

2. Zahl und Proportion als Ordnungsstrukturen im Recht: Platon und Aristoteles

Für Platon gehört die Gerechtigkeit zu den Tugenden und er sieht die Seele als Zentrum aller Tugenden an: „Müssen wir demnach nicht notwendig auch das folgende einräumen, daß die Seele die Ursache des Guten und Schlechten, des Schönen und Häßlichen, des Gerechten und Ungerechten und alles so sich Entgegenstehenden sei, wenn wir sie als die Ursache von allem annehmen wollen?“ [Nomoi 896d]. Die Untersuchung der Seele und eine Analyse der Tugenden umfaßt somit auch Platons Lehre von der Gerechtigkeit. Das Heil der Seele und ihre Wahrheitsstruktur werden mit mathematischen Denkformen beschrieben: „Die Meßkunst hingegen würde dieses Trugbild unwirksam machen und durch deutliche Bezeichnung des Wahren der Seele, welche dann bei der Wahrheit bliebe, Ruhe verschaffen und auf diese Art unserm Leben Heil bringen? Würden die Leute bekennen, daß in diesem Falle die Meßkunst uns Heil bringen müßte, oder würden sie eine andere nennen? – Die Meßkunst, gestand er. – Wie aber, wenn das Heil unseres Lebens auf der Wahl gerader und ungerader Zahlen beruhte, von beiden, wann es recht wäre, das Größere zu wählen und wann das Kleinere im Vergleich jeder Art mit sich selbst sowohl als mit der anderen ... was würde dann das Heil unseres Lebens sein? Nicht auch eine Erkenntnis? Und wäre sie nicht, da sie ja auf Überschuß und Untermaß geht, eine messende Kunst? Und da auf Gerades und Ungerades, kann sie wohl eine andere sein als die Rechenkunst? Würden uns das die Leute eingestehen oder nicht? – Auch Protagoras glaubte, sie würden es eingestehen." [Protagoras 356d–357a]. Es sind alle Tugenden, also auch die Gerechtigkeit, nach Maß und Zahl strukturiert. Konstituierende Merkmale jeder Tugend sind somit Abgemessenheit und Verhältnismäßigkeit. Über das Gute als höchste Tugend sagt Platon in diesem Zusammenhang:

„*Sokrates:* Daß jede Mischung, welche es auch sei, wenn sie irgendwie kein Maß und an der Natur des Abgemessenen keinen Teil hat, notwendig das Gemischte sowohl als auch zuerst sich selbst verdirbt. Denn eine solche kann man ja gar nicht eine ordentliche Mischung nennen, sondern sie ist jedesmal in Wahrheit nur ein unordentlich zusammengewehtes Wehe für alle, denen sie zukommt.
Protarchos: Ganz wahr.
Sokrates: Jetzt also entflieht uns wieder das Wesen des Guten in die Natur des Schönen. Denn Abgemessenheit und Verhältnismäßigkeit wird uns doch überall offenbar Schönheit und Tugend.
Protarchos: Allerdings.
Sokrates: Und Wahrheit, sagten wir doch auch, wäre in der Mischung mit beigemengt.
Protarchos: Freilich.
Sokrates: Wenn wir also nicht in einer Form das Gute auffangen können, so wollen wir es in diesen dreien zusammenfassen: Schönheit und Verhältnismäßigkeit und Wahrheit, und wollen sagen, daß diese als eines mit Recht als Ursache angesehen werden können dessen, was in der Mischung ist, und daß um dieses als des Guten willen sie auch eine solche geworden ist.
Protarchos: Vollkommen richtig." [Philebos 64d–65a].

In den Nomoi weist Platon darauf hin, daß der Gesetzgeber bei den Bürgern Maß und Zahl als fundamentale Maxime sichern muß:

„Außerdem darf ein Gesetzgeber auch jenes nicht scheuen, was als Kleinigkeitskrämerei erscheinen könnte, wenn er vorschreibt, bei allen Gerätschaften, die einer sich anschafft, keines ohne das rechte Maß sein zu lassen, und daß er einem allgemeinen Grundsatz zufolge glaubt, die Teilungen und Veränderungen der Zahlen seien in jeder Beziehung von Nutzen, sowohl diejenigen, in denen sie unter sich verändert werden, als auch die Veränderungen hinsichtlich der Länge und Tiefe sowie auch in den Tönen und Bewegungen, sowohl in gerader Richtung nach oben und unten als in den kreisförmigen; denn auf das alles muß der Gesetzgeber seine Aufmerksamkeit richten und allen Bürgern anbefehlen, soviel sie vermögen von der Ordnung der Zahlen nicht abzulassen." [Nomoi 746e–747a].

Natürlich muß der Gesetzgeber selbst, um diesen Auftrag überzeugend ausführen zu können, die Zahlen als Strukturprinzip durchschauen:

„Fünftausendundvierzig nun seien es, um eine passende Zahl anzugeben, welche Grundbesitzer sind und das Land verteidigen. In ebensoviele Teile werden die Ländereien und Wohnungen geteilt, indem Bürger und Ackerlos ein Zusammengehöriges bilden. Zuerst werde die gesamte Zahl in zwei Teile geteilt, dann ebenso in drei, denn sie läßt sich ihrer Natur nach auch in vier, fünf und in steter Aufeinanderfolge bis in zehn Teile teilen. Gewiß muß aber jeder Gesetzgebende soviel über die Zahlen erkannt haben, von welcher Größe und Beschaffenheit eine Zahl sein müsse, um sich für jeden Staat als die brauchbarste zu bewähren. Wir wollen nun diejenige wählen, welche die meisten und am nächsten aufeinander folgenden Teile in sich schließt. Denn die Zahl insgesamt ist zu jedem Behuf in alle Teile zerlegbar, die Zahl 5040 aber läßt sich wohl für den Krieg und für alle Handelsgeschäfte und Verbindungen im Frieden, sowie hinsichtlich der Beisteuern und Verteilungen, durch nicht mehr als 59 Teiler zerlegen, die von eins bis zehn unmittelbar aufeinander folgen." [Nomoi 737e–738a].

Bei Platon gehört Verhältnismäßigkeit zu den Konstituenten von Gerechtigkeit; dieser Aspekt wird bei Aristoteles ausgestaltet, präzisiert und differenziert. Im fünften Buch seiner Nikomachischen Ethik entwickelt Aristoteles eine Theorie der Gerechtigkeit. Er setzt dabei Gerechtigkeit mit Gleichheit sowie Ungerechtigkeit mit Ungleichheit in Korrespondenz und gelangt so zum Begriff der Proportion als Ordnungsstruktur der Gerechtigkeit:

„Es steht fest, daß der Ungerechte die Gleichheit verletzt und daß die ungerechte Tat Ungleichheit bedeutet. Somit ist klar, daß es auch ein Mittleres zwischen (den Extremen) der Ungleichheit gibt. Das ist das Gleiche. Denn bei jeder Art von Handeln, wo es ein Mehr und ein Weniger gibt, gibt es auch das Gleiche. Wenn nun das Ungerechte Ungleichheit bedeutet, so bedeutet das Gerechte Gleichheit. Das ist eine allgemein verbreitete Annahme, für die kein Beweis verlangt wird. Nachdem aber das Gleiche ein Mittleres ist, muß das Gerechte wohl ein Mittleres sein. Nun setzt aber das Gleiche mindestens zwei Glieder voraus. Folglich muß das Gerechte ein Mittleres und Gleiches sein und eine Beziehung aufweisen, ... Das Gerechte ist also etwas Proportionales ...". [Nikomachische Ethik 1131a].

Aristoteles nutzt dann im weiteren Verlauf seiner Ausführungen die in der Mathematik bekannte Unterscheidung von geometrischer Proportion und arithmetischer Proportion.

Die geometrische Proportion dient Aristoteles als Modell für die verteilende (distributive) Gerechtigkeit. Sie regelt die Aufteilung von Rechten und Pflichten nach Kriterien wie Würdigkeit, Fähigkeit usw.; so sollen verschiedene Einkommen auch entsprechend unterschiedlich besteuert werden. Bei der Aufteilung von Gütern auf Personen erhalten nicht alle Beteiligten gleich viel, sondern jeder erhält den ihm gemäßen Anteil – im Sinne der Proportion. Es ist dies die Gerechtigkeit des öffentlichen Rechts. Bei der ausgleichenden (regulierenden) Gerechtigkeit sind hingegen alle Beteiligten vor dem Gesetz gleich; Leistung und Gegenleistung oder auch Schaden und Ersatz werden unabhängig von den beteiligten Personen einander zugeordnet. Dies geschieht nach dem Modell der arithmetischen Proportion: „So ist das Gerechte als ein Regulierendes nichts anderes als die Mitte zwischen Verlust und Gewinn." Es ist dies diejenige Form von Gerechtigkeit, die dem Privatrecht und dem Strafrecht zugrunde liegt.

Das proportionale Denken finden wir im Bereich des Rechts auch in unserer Zeit. Dazu seien drei Beispiele aus dem Bürgerlichen Gesetzbuch angeführt.

§ 734 [Überschußverteilung] Verbleibt nach der Berichtigung der

gemeinschaftlichen Schulden und der Rückerstattung der Einlagen ein Überschuß, so gebührt er den Gesellschaftern nach dem Verhältnis ihrer Anteile am Gewinne.

§ 748 [Lasten- und Kostentragung] Jeder Teilhaber ist den anderen Teilhabern gegenüber verpflichtet, die Lasten des gemeinschaftlichen Gegenstandes sowie die Kosten der Erhaltung, der Verwaltung und einer gemeinschaftlichen Benutzung nach dem Verhältnisse seines Anteils zu tragen.

§ 2148 [Mehrere Beschwerte] Sind mehrere Erben oder mehrere Vermächtnisnehmer mit demselben Vermächtnisse beschwert, so sind im Zweifel die Erben nach dem Verhältnisse der Erbteile, die Vermächtnisnehmer nach dem Verhältnisse des Wertes der Vermächtnisse beschwert.

3. Recht more geometrico: Hobbes

In der ersten Hälfte des 16. Jahrhunderts versuchte man aus Gründen der Übersichtlichkeit und Praktikabilität das Recht nicht mehr auf Fälle und Quellen zu gründen, sondern begriffliche Leitprinzipien als Maßstab zu verwenden. Dabei mußte natürlich das Problem der Prinzipien und der angemessenen Methode thematisiert werden. Melanchthon (1497–1560) hat sich als erster intensiv für eine Orientierung an der Mathematik eingesetzt. Die Erfolge der Mathematik in den neuen Naturwissenschaften wirkten als zusätzlicher Motivationsschub, auch das Recht nach mathematischem Vorbild zu strukturieren und zu systematisieren. Für derartige Bestrebungen war offensichtlich das Naturrecht wesentlich geeigneter als das positive Recht. Eine besonders detaillierte Darstellung des Naturrechts nach mathematischem Vorbild verdanken wir Thomas Hobbes (1588–1679). Hobbes studierte in Oxford aristotelische Logik und Physik. Nach Beendigung seines Studiums wirkte er als Privatlehrer, zeigte jedoch stets ein sehr sensibles Interesse an politischen Gegenwartsfragen. Als Privatlehrer lebte er von 1629 bis 1631 in Paris; dort bekam er rein zufällig Euklids Elemente in die Hand und war von dem Werk fasziniert. Zunächst begeisterte er sich für die Methode der Präsentation; die Mathematik selbst gewann erst später das Interesse von Hobbes.

Zu jener Zeit tobte in England der Streit zwischen Royalisten und Parlamentariern; später erschütterte der englische Bürgerkrieg das Land. Hobbes hoffte nun auf eine Lösung des Konflikts zwischen Krone und Parlament nach der Methode des Euklid: aus einigen natürlichen Grundsätzen sollten durch zwingende Deduktion Rechtssätze als Folgerung abgeleitet werden. Hobbes schwebte also ein Naturrecht more geometrico vor – man beachte, daß etwa zur gleichen Zeit Spinoza seine Ethik more geometrico entwarf. Die Axiome seines Systems sah Hobbes in der menschlichen Natur, die erlaubten Schlußregeln lieferte für ihn die menschliche Vernunft. Wichtigstes Axiom bei Hobbes ist [Hobbes 1959; S. 87]: „Das erste und grundlegende Gesetz der Natur geht dahin, daß man den Frieden suche, ...". Aus diesem Axiom leitet Hobbes nun eine Reihe von Folgesätzen ab und beweist dies in Analogie zu den Elementen Euklids durch alleinige Verwendung des grundlegenden Axioms oder schon abgeleiteter Folgerungen. So lautet zum Beispiel die Passage über den Satz, daß Verträge gehalten werden müssen:

„Das zweite der abgeleiteten natürlichen Gesetze verlangt, daß man die Verträge halte und das gegebene Wort nicht breche. In dem vorhergehenden Kapitel ist gezeigt worden, daß das natürliche Gesetz als zur Erhaltung des Friedens notwendig gebietet, daß jeder gewisse Rechte auf andere übertrage, und daß dies ein Vertrag heißt, wenn das Übertragene etwas Zukünftiges ist. Dieser dient aber nur insofern zur Herstellung des Friedens, wenn man das, was man zu tun oder zu unterlassen verspricht, wirklich tut oder unterläßt; Verträge würden nutzlos sein, wenn sie nicht gehalten würden. Da mithin die Einhaltung der Verträge und des gegebenen Wortes zur Herstellung des Friedens nötig ist, so ist sie nach Kapitel 2, Abschn. 2, ein Gebot des natürlichen Gesetzes." [Hobbes 1959; S. 97ff].

Man mag heute darüber streiten, ob die Argumentationen von Hobbes wirklich „Beweise" sind; unbestritten ist jedoch sein Verdienst, die deduktive Methode im Bereich des Naturrechts entfaltet, erprobt und damit als eine mögliche Methode in die Diskussion gebracht zu haben.

4. Formalisierung und Axiomatisierung in der Mathematik und im Recht

Unter Formalisierung verstehen wir die Übersetzung von einer Fachsprache in eine Kunstsprache. In diesem Sinn ist Formalisierung für jede Wissenschaft möglich – ob auch sinnvoll, das ist ein Problem für sich. Durch eine Formalisierung wird in der Regel die Trennung von syntaktischen und semantischen Argumentationen erleichtert bzw. überhaupt erst ermöglicht.

Axiomatisierung bezeichnet ein bestimmtes methodisches Vorgehen. Vorausgesetzt werden die Begriffe Satz und Folgerung. Zu gegebener Satzmenge fragt man nun, ob es ein (kleines) System von Sätzen gibt, aus dem die Satzmenge folgt; jedes solche System heißt ein Axiomensystem der gegebenen Satzmenge. Ob sich ein gegebener Bereich für eine solche Axiomatisierung eignet, hängt natürlich ganz wesentlich davon ab, ob sich die Grundbegriffe Satz und Folgerung präzise einführen lassen.

Formalisierung und Axiomatisierung sind keineswegs zwingend aneinander gebunden, sie können in Wissenschaften unabhängig voneinander zum Einsatz kommen. Formalisierung kann auch in konstruktiv aufgebauten Wissenschaften vorteilhaft verwendet werden; man vergleiche dazu etwa die Ausführungen zum Dialog in Abschnitt 5. dieses Kapitels. Ebenso ist Axiomatisierung ohne Formalisierung möglich; ein klassisches Beispiel hierfür sind die Elemente von Euklid. In der Gegenwart werden jedoch häufig Formalisierung und Axiomatisierung zugleich in den Wissenschaften realisiert; dies hat zumindest den Vorteil, daß Methoden der Logik gewinnbringend genutzt werden können.

Wir wollen auf typische Gemeinsamkeiten und auf signifikante Unterschiede von axiomatischer Mathematik und positivem Recht hinweisen.

Das System der Gesetze soll widerspruchsfrei sein; für ein und denselben Sachverhalt darf nicht aus den Gesetzen sowohl eine Verurteilung als auch ein Freispruch abgeleitet werden können. Auch an Axiomensysteme in der Mathematik stellt man die Forderung der Widerspruchsfreiheit; aus den Axiomen darf nicht ein Satz und zugleich dessen Verneinung beweisbar sein. Im Hinblick auf den Begriff der Vollständigkeit besteht ebenfalls volle Analogie. Für jeden juristischen Sachverhalt bzw. Tatbestand muß aus dem Sy-

Mathematik	Recht
Axiome	Gesetze
math. Sachverhalte	juristische Sachverhalte
Satz	Urteil
Ableitung (Beweis)	Begründung
Forderungen an das System der Axiome:	Forderungen an das System der Gesetze:
widerspruchsfrei	widerspruchsfrei
vollständig	vollständig
entscheidbar	entscheidbar

stem der Gesetze heraus begründbar sein, ob eine Verurteilung oder ein Freispruch zu erfolgen hat. Die Vollständigkeit eines Axiomensystems in der Mathematik besagt entsprechend, daß für jeden Satz entweder er selbst oder seine Verneinung abgeleitet werden kann. Auch sollte das System der Gesetze natürlich entscheidbar sein in folgendem Sinn: bei gegebenem Tatbestand muß durch ein endliches Verfahren entschieden werden können, ob aus den Gesetzen Freispruch oder Verurteilung folgt. Analog heißt ein Axiomensystem der Mathematik entscheidbar, wenn durch ein Verfahren für jeden Satz in endlich vielen Schritten nachgeprüft werden kann, ob er aus den Axiomen beweisbar ist.

In den Begriffsbildungen und deren Interpretationen beobachten wir also weitgehende Gemeinsamkeiten. In der Ausgestaltung zu Theorien gibt es jedoch entscheidende Unterschiede. So kann man in der Mathematik zahlreiche Kriterien herleiten sowohl für Widerspruchsfreiheit als auch für Vollständigkeit als auch für Entscheidbarkeit. Dieser Theorienreichtum kostet aber natürlich seinen Preis. Die Mathematik ist bei dieser Auffassung eine Wissenschaft von Strukturen und Modellen; der Reichtum an Theorie wird durch Distanz von der Wirklichkeit erkauft. Das System der Gesetze hingegen zeichnet sich durch Wirklichkeitsnähe aus; der Preis dafür besteht dann eben in einer gewissen Unzugänglichkeit für abstrakte Theorien.

Für eine genauere Analyse der Begriffe widerspruchsfrei – vollständig – entscheidbar bietet sich das Verfahren der Formalisierung an. Dann ist eine Trennung von Syntax und Semantik möglich und man eröffnet sich den Weg zu syntaktischen (maschinellen) Beweisen in der Mathematik sowie syntaktischen (maschinellen) Urteilsbegründungen bzw. Urteilsfindungen im Recht. Im Bereich der Mathematik sind auf diesem Gebiet bereits beachtliche Erfolge erzielt worden. Im Recht stehen vergleichbare Erfolge noch aus; viele Experten sind auch äußerst skeptisch, ob hier nennenswerte Erfolge überhaupt möglich sind.

Eine wesentliche Komplizierung der Formalisierung im Recht besteht darin, daß zu den klassischen Junktoren ($\neg$, $\wedge$, $\vee$, $\rightarrow$, $\leftrightarrow$) und Quantoren ($\forall$, $\exists$) auch noch deontische Operatoren hinzukommen. Denn zum Grundwortschatz der juristischen Fachsprache gehören zum Beispiel „Verbot“ und „Gebot“; für diese Begriffe gibt es in der klassischen Mathematik kein Analogon.

5. Dialog in der Mathematik und im Recht

Wir hatten schon darauf hingewiesen, daß Formalisierung keineswegs nur in Verbindung mit Axiomatisierung verwendet werden kann. In der Mathematik hat insbesondere Lorenzen für eine konstruktive Alternative zur axiomatischen Auffassung plädiert. Dennoch ist auch Lorenzens Präsentation von Mathematik formalisiert. An die Stelle von Beweisen aus Axiomen treten bei Lorenzen Gewinnstrategien in einem Dialog. Der Dialog wird zwischen einem Proponenten, der einen Satz behauptet, und einem Opponenten geführt. Für den Dialog selbst gelten eine Reihe von Regeln, die wir hier nicht im Detail wiedergeben. Stattdessen führen wir für einen einfachen und bekannten Satz einen möglichen Dialog konkret vor

Proponent	Opponent
$\forall x \forall y \; x+1=y+1 \rightarrow x=y$	
	$x=2$?
$\forall y \; 2+1=y+1 \rightarrow 2=y$	
	$y=1$?
$2+1=1+1 \rightarrow 2=1$	
	$2+1=1+1$ (Primaussage!)
?	

Da der Opponent die vom Proponenten angegriffene Primaussage $2+1=1+1$ nicht verteidigen kann, hat der Proponent den Dialog gewonnen. Übrigens darf der Proponent nur Primaussagen angreifen und angegriffene Primaussagen müssen sofort verteidigt werden.

Das Beispiel zeigt deutlich, wie hier Mathematik getrieben wird. Ein Satz – zum Beispiel $\forall x \forall y\ x+1=y+1 \rightarrow x=y$ – gilt als wahr, wenn der Proponent ihn in jedem Dialog gegen jeden Angriff verteidigen kann, wenn er also im Besitz einer Gewinnstrategie ist. Es soll aber nicht verschwiegen werden, daß auch Dialoge und Gewinnstrategien keineswegs frei von Längen und Komplikationen sind.

Philipps hat darauf hingewiesen, daß sich analoge Argumentationen auch im Bereich des Rechts anbieten. Auch hier sei es keineswegs immer nötig, den langen Weg bis zu den Axiomen, d. h. Gesetzen, zu durchlaufen: „Die Beendigung eines konkreten Streitfalles kann auch dadurch erfolgen, daß die Parteien auf einer gewissen Ebene Konsens erreichen, daß eine Partei in Beweisnot gerät oder daß sie resigniert, weil sie keine Aussicht ...“ [Philipps 1972, S. 223]. Eine brauchbare Methode, gewisse Streitfälle rasch zu lösen, sieht Philipps im rechtlichen Dialog. Wir schildern hier das von ihm in seinem Aufsatz genannte Beispiel.

Ein Beklagter hat sich gegenüber dem Kläger verpflichtet, in einem Gebiet für seine Produkte nicht mehr zu werben – außer bei solchen Personen, die schon Kunde bei ihm sind.

Für die Formalisierung arbeiten wir mit zwei Sorten von Variablen: Personenvariablen (x, y, ...) und Werbevariablen (a, b, ...). Kx stehe für „x ist Kunde“ und Wax stehe für „mit a wird bei x geworben“. Der Beklagte ist dann die folgende Verpflichtung eingegangen:

$$\forall x(\neg Kx) \rightarrow \neg(\exists a Wax).$$

Diese Verpflichtung muß der Beklagte als Proponent gegenüber seinem Kläger als Opponent verteidigen. Ein möglicher Verlauf des Dialogs:

Proponent	Opponent
$\forall x(\neg Kx) \rightarrow \neg(\exists a Wax)$	
	$x = x_1$?
$(\neg Kx_1) \rightarrow \neg(\exists a Wax_1)$	
	$\neg Kx_1$
$\neg(\exists a Wax_1)$	
	Wa_1x_1
Kx_1	
	?

Einige Erläuterungen dürften hilfreich sein. Der Opponent bringt per $x = x_1$? die Person x_1 zur Sprache. Auch wenn x_1 Kunde ist, braucht der Beklagte dies nicht bei diesem Angriff zu verraten. Er kann auch antworten: wenn x_1 nicht Kunde ist, so wurde bei x_1 nicht geworben. Auf den neuerlichen Angriff des Opponenten mit $\neg Kx_1$ könnte der Proponent mit Kx_1 antworten; in diesem Dialog reagiert er jedoch mit $\neg(\exists a Wax_1)$. Nun folgt der Angriff Wa_1x_1. Angenommen, diese Primaussage ist richtig, d.h. mit a_1 wurde bei x_1 geworben. Dann wird der Proponent diese Primaussage nicht angreifen, sondern seinen Joker ausspielen: Kx_1, d.h. x_1 ist Kunde. Kann er diese Primaussage verteidigen, so hat er den Dialog gewonnen.

VIII. Philosophie und Mathematik

1. Einführung

Die Reihenfolge der Disziplinen, deren Beziehungen zur Mathematik in dieser Untersuchung dargestellt wurden, war keineswegs zwingend vorgegeben: Geschichte hätte vor der Sprache behandelt werden können, Dichtung erst im Anschluß an das Recht. Die Philosophie jedoch läßt sich in diesem Kanon nicht beliebig plazieren oder verschieben; sie spielt eine Sonderrolle – nicht nur in bezug auf Mathematik, sondern ganz allgemein in Kombination mit jeder anderen Wissenschaft. Denn durch Kontakt oder Konfrontation mit Philosophie wird jede Wissenschaft zwangsläufig auf ihre Grundlagen, ihre Begründung verwiesen. Dies gilt auch für die Mathematik; deshalb konnte „Philosophie und Mathematik" nur zu Beginn oder als Abschluß aufgerufen werden – wir haben uns für den Abschluß entschieden.

Die Interdependenzen zwischen Mathematik und Philosophie sind so vielfältig und umfangreich, sowohl in historischer als auch in systematischer Hinsicht, daß selbst ein eigenes Buch über diese Beziehungen die Fülle der Themen auch nicht annäherungsweise ausloten könnte. Deshalb müssen wir uns hier auf einige wenige Aspekte beschränken, die aber hoffentlich doch die Vielfalt der Beziehungen zwischen Philosophie und Mathematik ahnen lassen.

2. Maßstab für jede Begegnung von Mathematik und Philosophie: Platon

Platon lebte von 429 bis 347 v. Chr. In seiner Jugend schloß er sich Sokrates an und verbrachte knapp zehn Jahre in dessen Lebens- und Wirkungskreis. Nach Sokrates' Tod unternahm Platon zunächst ausgedehnte Reisen; im Anschluß daran gründete er die Akademie, die er weiter ausbaute und bis an sein Lebensende geleitet hat. Diese Akademie entwickelte sich in jener Zeit zum geistigen Zentrum Griechenlands.

Platons Denken enthält Einsichten und Aufschlüsse über die Beziehungen von Mathematik und Philosophie, die durch den Reichtum der eingearbeiteten Bezüge und die innere Konsequenz der vielfältigen, aber nicht systematischen Ausarbeitung Maßstäbe für jede Begegnung von Mathematik und Philosophie gesetzt haben. Dabei hat Platon nicht zuerst eine Philosophie entwickelt und diese anschließend in die Mathematik hineingetragen; auch hat er nicht zunächst Mathematik getrieben und diese dann in philosophische Überlegungen integriert. Vielmehr war Mathematik von Anfang an ein ebenso notwendiger wie selbstverständlicher Partner der Philosophie im Denken Platons.

Um die Originalität aufzuzeigen, mit der bei Platon Mathematik und Philosophie zusammengeführt und aufeinander bezogen werden, muß an das Lehrgedicht des Parmenides erinnert werden. Dort kommen mit dem Sein, der Wahrheit und dem Erkennen drei Grundbegriffe philosophischer Bemühung erstmals in den Blick. Nach Parmenides ist das Sein ungeworden, unteilbar, unwandelbar. Weiter ist jedes Erkennen an das Sein gebunden; dies wird in jener berühmten Zeile ausgesprochen, die zu immer neuen Übersetzungen herausgefordert hat. Wir nennen die bekanntesten Übersetzungen:

> „Denn dasselbe ist Erkennen und Sein."
> „Denn es ist dasselbe: daß Erkennen ist und daß Sein ist."
> „Denn dasselbe ist Denken und Sein."
> „Denn dasselbe kann gedacht werden und sein."
> „Denn dasselbe ist Denken und das, worauf der Gedanke zielt."
> „Denn dasselbe ist Erkennen und das, weswegen das Erkennen ist."
> „Denn daß man es erkennt, ist dasselbe, wie daß es ist."

Nimmt man noch hinzu, daß es für Parmenides Wahrheit nur im Hinblick auf das unwandelbare Sein gibt, so sind hier die Grundfragen nach dem Sein, dem Erkennen, der Wahrheit unlösbar miteinander verschmolzen.

Diese untrennbare Zusammengehörigkeit von Sein, Erkennen und Wahrheit wird von Platon übernommen; mit ihr konfrontiert er nun die durch Thales begründete neue Geometrie. Bei Thales heißt es: „Der Kreis wird durch den Durchmesser halbiert" und „In jedem gleichschenkligen Dreieck sind die Basiswinkel gleich". Diese Aussagen gelten mit einem zuvor nicht gekannten Wahrheitsanspruch, der durch Beweise eingelöst wird. Es ist somit klar, *daß* die Sätze der Thaletischen Geometrie wahre Aussagen sind. Doch nun ergibt sich die schwierige Frage, *wovon* die Sätze eigentlich handeln und *was* sie aussagen? In den Sätzen ist die Rede von Kreisen, Dreiecken, Winkeln usw. und es handelt sich stets um Gleichheitsaussagen. Für welche Objekte sind die Thaletischen Sätze gültig und was bedeutet darin Gleichheit? Die mit den Sinnen wahrnehmbaren Kreise und Dreiecke – im Sand, auf der Wiese, an der Mauer – kommen schon allein deshalb nicht in Frage, weil sie wandelbar sind; wahre Aussagen jedoch gibt es nur vom unwandelbaren Sein. Platons genialer Einfall besteht nun darin, mit den Ideen einen Bereich des unwandelbaren Seins zu postulieren; die Sätze der Thaletischen Geometrie, so sagt er, gelten für die Idee des Kreises, die Idee des Dreiecks und zwar bezüglich der Idee der Gleichheit. „,. . . die Platonische Ausarbeitung des Ideenbegriffs, orientiert an der geometrischen Theoriebildung, stellt nichts anderes dar als die Bemühung, den (in der Thaletischen Geometrie gebildeten) Begriff des theoretischen Satzes um den Begriff des theoretischen Gegenstandes zu ergänzen.“ [Mittelstraß 1985, S. 404]. In seinen Dialogen versucht Platon seinen neuen Ansatz dadurch verständlich zu machen, daß er vom Kreis an sich, vom Viereck selbst, von der Gleichheit selbst spricht. „Jeder in der Wirklichkeit gezeichnete oder abgerundete Kreis ist mit dem dem fünften Widersprechenden erfüllt. Denn allerwärts streift er an das Gerade. Aber der Kreis an sich, behaupten wir, begreift weder viel noch wenig von der entgegengesetzten Beschaffenheit in sich.“ [Briefe 343a] „Auch daß sie sich der sichtbaren Gestalten bedienen und immer auf diese ihre Reden beziehen, unerachtet sie nicht von diesen handeln, sondern von jenem, dem diese gleichen, und um des Vierecks selbst willen und seiner Diagonale ihre Beweise führen . . .“ [Politeia 510d]. „Wir nennen doch etwas gleich – ich meine nicht ein Holz dem andern oder einen Stein dem andern noch irgend etwas dergleichen, sondern außer diesem allen etwas anderes, das Gleiche selbst; . . .“ [Phaidon 74a]. Platon führt also neben der realen Welt – oder wie er gern sagt: sensiblen Welt – mit den Ideen einen Bereich unwandelbaren Seins ein und schafft damit einen Objektbereich für die Geometrie. Die wandelbaren Erscheinungen der sensiblen Welt werden mit den Sinnen zur Kenntnis genommen, die unwandelbaren Ideen hingegen sind dem Denken zugänglich. Damit ist nun die eine Frage nach dem Gegenstandsbereich der Thaletischen Geometrie beantwortet; zugleich drängen sich jedoch zwei wichtige Fragen neu auf: 1. Welche Beziehung besteht zwischen dem Bereich der unwandelbaren Ideen und der sensiblen Welt, wie verhält sich die Idee des Dreiecks zu den unvollkommenen Realisierungen in der Sinnenwelt? 2. Worin genau bestehen Aufgabenbereich und Kompetenz der Wissenschaft Mathematik?

Die erste Frage versucht Platon in größerem Rahmen, also nicht auf Mathematik eingeschränkt, mit der Entfaltung seiner Ideenlehre zu beantworten. Zwischen der sensiblen Welt und der Ideenwelt besteht für ihn eine Abbild-Urbild-Beziehung. Die realen Dreiecke sind unvollkommene Abbilder vom Dreieck selbst als Urbild; es gibt also eine Projektion der Ideenwelt in die sensible Welt, welche die realen Dreiecke an der Idee des Dreiecks „teilhaben" läßt. Die Sätze der Geometrie sind wahre Aussagen über den Bereich der Ideen; diese Wahrheit kann durch die Projektion nicht in die sensible Welt hineingetragen werden, jedoch gilt auch hier eine Art „Teilhabe": die Sätze der Thaletischen Geometrie gelten für Kreise, Geraden, Winkel, Dreiecke in der realen Welt – also in den Sand gezeichnete Kreise, Ackerfurchen, Wegkreuzungen, durch drei Pflöcke markierte Felder – nur ungefähr, also nur mit approximativer Genauigkeit.

Die Antwort auf die Frage nach Aufgabe und Kompetenz der Wissenschaft Mathematik stellen wir einen Augenblick zurück; sie beantwortet sich leichter, wenn Platons Ideenwelt in ihrer universellen Gestalt mit einbezogen wird. „Wir können annehmen, daß Platon am Beispiel der Geometrie etwas aufgegangen ist, das er in der Ideenlehre festhielt." [Patzig 1980, S. 126]." ...verbindet sich die Ausarbeitung der Ideenlehre bei Platon von Anfang an mit mathematischen, speziell geometrischen Problemen. Wo sie in ethischen oder ästhetischen Kontexten auftritt, liegt zumindest die Parallelität zu geometriebezogenen Explikationen auf der Hand. Deren Auftreten erklärt geradezu...die Orientierungsfunktion, die die Konzeption zumal geometrischer Ideen im Rahmen der Genese der Ideenlehre hat." [Mittelstraß 1985, S. 406]. Bei der Frage nach dem Guten, dem Schönen, der Tapferkeit sah Platon eine zur Mathematik analoge Situation: in der realen Welt gibt es jeweils nur ungenaue, unvollkommene Beispiele etwa von Tapferkeit; die Tapferkeit selbst oder auch die ideale, vollkommene Tapferkeit gibt es in der sensiblen Welt nicht. So postulierte Platon auch hier die Idee der Tapferkeit; sie gehört in den Bereich des unwandelbaren Seins und ist mit den unvollkommenen Realisierungen von Tapferkeit durch ein Urbild-Abbild-Verhältnis verknüpft. So schuf Platon zunächst für Tugenden, später allgemein in der Ethik, der Ästhetik und auch anderen Gebieten Ideen. Die Struktur dieser neuen Welt der Ideen und ihr Bezug zur sensiblen Welt der Erscheinungen ist Gegenstand der Ideenlehre Platons; sie wird in den Dialogen auf vielfältige Weise und an zahlreichen Beispielen erläutert – eine systematische Darstellung dieser Theorie hat Platon nicht veröffentlicht.

Nun greifen wir die Frage nach einer Ortsbestimmung der Wissenschaft Mathematik im Denken Platons wieder auf. Dabei müssen zwei Aspekte verfolgt werden: einmal das Verhältnis der Ideen – etwa des Kreises – zu den Realisierungen in der sensiblen Welt; zum andern die Stellung der mathematischen Ideen innerhalb des Systems aller Ideen. Obwohl die Sätze der Mathematik Aussagen über Ideen im Bereich des unwandelbaren Seins beinhalten, müssen die Mathematiker auch die Bilder in der sensiblen Welt mit in ihre Überlegungen einbeziehen.

„*Sokrates:* Wird der nun wohl Erkenntnis genug haben, wenn er von der göttlichen Kugel und dem Kreise selbst den Begriff hat, diese menschliche Kugel hier aber und diese Kreise nicht kennt...?
Protarchos: Da käme ja, o Sokrates, ein lächerlicher Zustand heraus, wenn wir nur die göttlichen Erkenntnisse allein innehätten." [Philebos 62a].

Die Beziehung zwischen Abbild und Urbild, also das Band zwischen sensibler Welt und Ideenwelt ist somit konstituierender Bestandteil des Wissenschaftsauftrags an die Mathematiker; allerdings muß diese Abbild-Urbild-Relation souverän beherrscht werden: „Auch daß sie sich der sichtbaren Gestalten bedienen und immer auf diese ihre Reden beziehen, unerachtet sie nicht von diesen handeln, sondern von jenem, dem diese gleichen, und um des Vierecks selbst willen und seiner Diagonale ihre Beweise führen, nicht um dessen willen, welches sie zeichnen..." [Politeia 510d].

Was nun die Stellung der mathematischen Ideen innerhalb des Systems aller Ideen betrifft, so hat sich schon zu Platons Zeiten und auch danach keine Einigkeit darüber erzielen lassen, ob mathematische Ideen eine Sonderstellung zwischen der sensiblen Welt und den anderen Ideen einnehmen oder nicht. Platon selbst hat hierzu keine klare Stellungnahme abgegeben, obwohl Aristoteles ihm dies nachsagt: „Ferner sagt Platon, daß es neben den Sinnesdingen und den Formen noch mathematische Dinge gibt, die eine Mittelstellung einnehmen und die sich einerseits von den Sinnesdingen dadurch unterscheiden, daß sie ewig sind und unbewegt, andererseits von den Formen dadurch, daß es viele ähnliche mathematische Dinge gibt, während doch die Form selbst jeweils eine ist." [Metaphysik 987b]. Aristoteles hält diese Sonderstellung der Mathematik für falsch; es ist aber – wie gesagt – nicht zweifelsfrei zu rekonstruieren, wie Platon darüber wirklich gedacht hat. Über den Status der mathematischen Ideen hat sich Platon also nicht deutlich geäußert; jedoch über den unterschiedlichen Umgang mit den mathematischen Ideen durch den Mathematiker einerseits und den Dialektiker andererseits hat er uns detailliert informiert. „Denn ich denke, du weißt, daß die, welche sich mit der Meßkunst und den Rechnungen und dergleichen abgeben, das Gerade und Ungerade und die Gestalten und die drei Arten der Winkel ... voraussetzend, nachdem sie dies als wissend zugrunde gelegt, keine Rechenschaft weiter darüber weder sich noch anderen geben zu müssen glauben, als sei dies schon allen deutlich, sondern hiervon beginnend gleich das Weitere ausführen ..." [Politeia 510c/d]. Der Mathematiker geht also von Voraussetzungen aus, über die er weder sich noch anderen Rechenschaft schuldig ist. Diese Voraussetzungen fungieren als Hypothesen und bestehen aus Kombinationen bzw. Arrangements von Ideen. So spielt die Alternative gerade – ungerade in der Arithmetik eine zentrale Rolle und ist Quelle einer Vielzahl von theoretischen Sätzen; die Alternative selbst braucht jedoch vom Mathematiker nicht begründet zu werden, er nimmt sie als Voraussetzung und tut so, als sei dies schon allen deutlich. Das Problem des „vor" und des „setzen" wird von Platon dem Dialektiker als Aufgabe zugeteilt. Der Dialektiker muß die Voraussetzungen analysieren, indem er „die Voraussetzungen nicht zu Anfängen, sondern wahrhaft zu Voraussetzungen macht, gleichsam als Zugang und Anlauf, damit sie, bis zum Nichtvoraussetzungshaften an den Anfang von allem gelangend, diesen ergreife, und so wiederum, sich an alles haltend, was mit jenem zusammenhängt, zum Ende hinabsteige, ohne sich überhaupt irgendeines sinnlich Wahrnehmbaren zu bedienen, sondern nur der Ideen selbst an und für sich, und so bei

Ideen endigt." [Politeia 511 b/c]. Der Dialektiker ist also für die Konstitution, für die Begründung der Mathematik oder allgemeiner von hypothetischer Wissenschaft zuständig; er liefert die philosophischen Grundlagen der Wissenschaft. Bei Platon übernimmt meist der Philosoph die Aufgaben des Dialektikers: „Aber dies dialektische Geschäft wirst du, hoffe ich, keinem anderen anweisen als dem rein und recht Philosophierenden?" – „Wie sollte man es wohl einem anderen anweisen!" [Sophistes 253 e]. Mathematiker und Dialektiker treffen sich also in den Voraussetzungen, sind somit aufeinander angewiesen. Die Abhängigkeit des Mathematikers vom Dialektiker ist ohnehin klar, aber es besteht auch eine Abhängigkeit in der Gegenrichtung: „Keine Art der Jagd aber, sprach er, geht doch auf etwas weiteres als eben auf das Erjagen und Einfangen. Haben sie aber eingefangen, was sie jagten: so sind sie selbst nicht imstande, es zu gebrauchen; sondern die Jäger und Fischer übergeben es den Köchen, die Meßkünstler aber und Rechner und Sternkundigen – denn auch diese sind Jagende, weil sie ja ihre Figuren und Zahlenreihen nicht machen, sondern diese sind schon, und sie finden sie nur auf, wie sie sind –; wie also nun diese auch nicht selbst verstehen, sie zu gebrauchen, sondern nur zu jagen: so übergeben sie, so viele ihrer nicht ganz unverständig sind, ihre Erfindungen den Dialektikern, um Gebrauch davon zu machen." [Euthydemos 290 b/c].

Die Aufgabe des Dialektikers erschöpft sich bei Platon nicht in einer Analyse und Bereitstellung der Voraussetzungen für Arithmetik oder Geometrie oder Astronomie usw.; der Dialektiker ist auch für eine Zusammenschau der einzelnen Disziplinen zuständig, also für das Verhältnis von Einheit und Vielheit: „...die den Knaben zerstreut vorgetragenen Kenntnisse müssen für sie zusammengestellt werden zu einer Übersicht der gegenseitigen Verwandtschaft der Wissenschaften und der Natur des Seienden. – Wenigstens, sprach er, wird nur das so Erlernte fest sein, wem man es auch beigebracht hat. – Und, sagte ich, die stärkste Probe, wo eine dialektische Natur ist und wo nicht. Denn wer zur Zusammenschau fähig ist, ist dialektisch; wer nicht, ist es nicht." [Politeia 537 c].

Der Dialektiker ist bei Platon sowohl für die Konstitution bzw. Basis der Einzelwissenschaften verantwortlich als auch für das einigende Band der Zusammenschau; er entläßt die einzelnen Disziplinen zunächst mit klarem Auftrag aus der Welt der Ideen und faßt sie zu gegebener Zeit durch eine Synopse wieder zusammen. Platon läßt keinen Zweifel darüber aufkommen, daß für ihn der Dialektiker höher eingestuft wird als der Mathematiker oder jeder andere Wissenschaftler, denn er sagt, daß das , „was vermittels der dialektischen Wissenschaft von dem Seienden und Denkbaren geschaut werde, sei deutlicher als was von den gewöhnlich so genannten Wissenschaften..." [Politeia 511 c].

Platon hat die Mathematik nicht durch eigene Forschungen voranzutreiben versucht. Er hat zunächst die Mathematik seiner Zeit als Anlaß und Richtschnur für ein umfassendes philosophisches System übernommen; ihm schwebte eine einheitliche Seinsordnung vor, eine strukturelle Beschreibung des unwandelbaren Seins. Man hat Platon auch den Baumeister der Ideenwelt genannt. Nun ist völlig klar, daß dieser Baumeister die Einzelwissenschaften in den Dienst seiner universellen Bemühungen stellt. Dies wird in einem von Gaiser entdeckten Bericht des Aristoteles-Schülers Dikaiarch sehr deutlich ausgesprochen: „Es war aber auch ein großer Fortschritt der mathematischen Wissenschaften in jener Zeit zu erkennen, wobei Platon die baumeisterliche Leitung hatte und die Aufgaben stellte, die dann die Mathematiker mit Eifer erforschten. Daher erreichten auf diese Weise damals zuerst ihren Höhepunkt die (allgemeine) Maßtheorie und die Probleme der Definitionen ...; aber auch insgesamt brachten sie die Geometrie ein großes Stück voran." [Gaiser 1986, S. 119]. Dieser Bericht zeigt sehr deutlich, daß Platon die Entwicklung der Mathematik während seiner Zeit entscheidend mit beeinflußt hat, er versah die „baumeisterliche Leitung".

Wir haben aufzuzeigen versucht, welche Bedeutung der Mathematik im Denken Platons zukommt und welche Einsichten über Mathematik aus dem gesamten Werk Platons gewonnen werden können. Unser Hauptanliegen galt dem Nachweis, daß beide Aspekte – Bedeutung der Mathematik für das Ganze, Bedeutung des Ganzen für die Mathematik – bei Platon nicht getrennt gesehen und entwickelt sondern als Einheit gedeutet und entfaltet werden. Platons Philosophie ist auf Mathematik angewiesen und die Mathematik gewinnt ihren Ort bei Platon nur innerhalb seiner Philosophie – beide sind zugleich Bedingung und Bedingtes. Eine ähnlich überzeugende Realisierung der Interdependenz von Mathematik und Philosophie ist seither noch nicht wieder gelungen.

3. Philosophie mit Blick auf Mathematik: Kant

In diesem kurzen Abschnitt verfolgen wir ein einziges Ziel: es soll aufgezeigt werden, daß und wie Kant seine kritische Philosophie mit Blick auf Mathematik konzipiert hat.

Kant wurde 1724 in Königsberg geboren. Nach einem Studium der Philosophie, Mathematik und Naturwissenschaft an der Universität Königsberg wirkte er mehrere Jahre als Hauslehrer in der Nähe seiner Heimatstadt. Im Jahr 1755 promovierte Kant und wurde anschließend Privatdozent an der Universität Königsberg. Eine ihm von seiner Heimatuniversität angebotene Professur für Dichtkunst nahm er nicht an. Rufe auf Professuren für Philosophie an die Universitäten Erlangen und Jena im Jahr 1769 lehnte er ebenfalls ab. Im Jahr darauf erfolgte in Königsberg seine Ernennung zum Professor für Metaphysik und Logik. Bis 1797 – also bis zum dreiundsiebzigsten Lebensjahr – forschte und lehrte Kant an „seiner“ Universität; zwei Mal wurde er zum Rektor gewählt. 1804 ist er – fast achtzigjährig – in Königsberg gestorben.

Die Bemühungen um eine Neubegründung der kritischen Philosophie hat Kant in seinem Hauptwerk „Kritik der reinen Vernunft“ in systematischer Form dargestellt. In der Vorrede zur ersten Auflage erläutert er, inwiefern der Titel für ein Programm steht: „Ich verstehe aber hierunter nicht eine Kritik der Bücher und Systeme, sondern die des Vernunftvermögens überhaupt, in Ansehung aller Erkenntnisse, zu denen sie, unabhängig von aller Erfahrung, streben mag, mithin die Entscheidung der Möglichkeit oder Unmöglichkeit einer Metaphysik überhaupt und die Bestimmung so wohl der Quellen, als des Umfanges und der Grenzen derselben, alles aber aus Prinzipien.“ [A XII]. Es geht Kant also um Vernunfterkenntnisse, die unabhängig von der Erfahrung gewonnen werden können; hier entscheidet sich für ihn, ob Metaphysik überhaupt möglich ist. Dabei schwebt ihm natürlich Metaphysik als Wissenschaft vor. Zum Wissenschaftscharakter äußert sich Kant gleich zu Beginn der Vorrede zur zweiten Auflage: „Ob die Bearbeitung der Erkenntnisse, die zum Vernunftgeschäfte gehören, den sicheren Gang einer Wissenschft gehe oder nicht, das läßt sich bald aus dem Erfolg beurteilen.“ [B VII]. Er deutet dann weiter an, daß für ihn der Erfolg der ersten Auflage nicht überzeugend genug ausgefallen sei und erblickt darin den Hinweis, „daß ein solches Studium bei weitem noch nicht den sicheren Gang einer Wissenschaft eingeschlagen, sondern ein bloßes Herumtappen sei,..." [B VII]. Mit diesem sehr anschaulichen Bild präzisiert Kant nochmals sein Anliegen: er möchte die Metaphysik aus der Phase des bloßen Herumtappens herausführen und auf den sicheren Gang einer Wissenschaft bringen. Schon in der Vorrede bringt Kant nun die Mathematik ins Spiel; er stellt sie als Exempel und Vorbild eines solchen Übergangs vom bloßen Herumtappen zum sicheren Gang einer Wissenschaft dar: „Die Mathematik ist von den frühesten Zeiten her, wohin die Geschichte der menschlichen Vernunft reicht, in dem bewundernswürdigen Volke der Griechen den sichern Weg einer Wissenschaft gegangen. Allein man darf nicht denken, daß es ihr so leicht geworden,...; vielmehr glaube ich, daß es lange mit ihr (vornehmlich noch unter den Ägyptern) beim Herumtappen geblieben ist,..." [B XI], Kant führt dann weiter aus, daß dieser Übergang vom Herumtappen zum sicheren Gang der Wissenschaft in der Mathematik durch eine „Revolution der Denkart" vollzogen worden sei. Eine analoge Revolution der Denkart hält er auch im Hinblick auf die Metaphysik für erforderlich; in seiner kritischen Philosophe versucht er, diese Revolution in Gang zu setzen und zu entfalten.

Die Revolution der Denkart im Bereich der Vernunft eröffnet Kant in der zweiten Auflage bereits in der Vorrede, und zwar mit jenem Vorschlag, den man gern die Kopernikanische Wende der Denkart nennt: „Bisher nahm man an, alle unsere Erkenntnis müsse sich nach den Gegenständen richten; aber alle Versuche, über sie a priori etwas durch Begriffe auszumachen, wodurch unsere Erkenntnis erweitert würde, gingen unter dieser Voraussetzung zu nichte. Man versuche es daher einmal, ob wir nicht in den Aufgaben der Metaphysik damit besser fortkommen, daß wir annehmen, die Gegenstände müssen sich nach unserem Erkenntnis richten, welches so schon besser mit der verlangten Möglichkeit einer Erkenntnis derselben a priori zusammenstimmt, die über Gegenstände, ehe sie uns gegeben werden, etwas festsetzen soll. Es ist hiermit eben so, als mit den ersten Gedanken des Kopernikus bewandt, der, nachdem es mit der Erklärung der Himmelsbewegungen nicht gut fort wollte, wenn er annahm, das ganze Sternheer drehe sich um den Zuschauer, versuchte, ob es nicht besser gelingen möchte, wenn er den Zuschauer sich drehen, und dagegen die Sterne in Ruhe ließ." [B XVI].

Diese Kopernikanische Wende bricht mit einer Tradition, die seit Platon nie in Frage gestellt wurde. Aus einer ontologisch fundierten Denkart wird bei Kant eine gnoseologisch orientierte. Bislang fragte man nach den Gegenständen der Erkenntnis; Kant schlägt vor, genau entgegengesetzt nach der Erkenntnis der Gegenstände zu fragen. In diesem Kontext gilt sein Interesse gerade solchen Aussagen, die synthetisch sind und a priori gewonnen werden. Dabei ist eine Aussage synthetisch, wenn sie wirklich einen Zugewinn an Erkenntnis enthält, d. h. wenn sie eine echte Erweiterungsaussage ist – im Unterschied zu analytischen Aussagen, die als Erläuterungsaussagen nur neu oder anders formulieren bzw. präzisieren, was bereits der Erkenntnis verfügbar war. Eine für Kant typische analytische Aussage ist „Alle Körper sind ausgedehnt." Das Prädikat „ausgedehnt" ist ja im Subjekt „Körper" schon enthalten.

Eine Aussage, die vor der Erfahrung oder auch unabhängig von der Erfahrung gewonnen wird, ist eine a priori erhaltene Aussage; bei a posteriori abgeleiteten Aussagen handelt es sich hingegen um Erfahrungsaussagen. Die für Kant vordringliche Frage lautet also: ist es möglich, im Bereich der Vernunft synthetische Aussagen a priori zu erhalten. Die Entfaltung dieser Frage und Ansätze zu einer Lösung sind Gegenstand der „Kritik der reinen Vernunft" und der „Prolegomena zu einer jeden künftigen Metaphysik, die als Wissenschaft wird auftreten können". Das eigentliche Interesse von Kant gilt, dies sei nochmals mit Nachdruck herausgestellt, der Metaphysik, also der Vernunfterkenntnis. In der Fragestellung kommt also die Mathematik gar nicht vor. In der Ausarbeitung spielt die Mathematik jedoch bei Kant eine zentrale Rolle; auf vielfältige Weise dient die Mathematik zur Orientierung: als Analogie, als Kontrast, als Vorbild. Das soll an einigen typischen Beispielen erläutert werden.

Zunächst einmal ist die Mathematik für Kant eine Wissenschaft, in der synthetische Aussagen a priori möglich sind. Diese Möglichkeit hat nach Ansicht Kants bereits Thales entdeckt: „Dem ersten, der den gleichseitigen Triangel demonstrierte (er mag nun Thales oder wie man will geheißen haben), dem ging ein Licht auf; denn er fand, daß er nicht dem, was er in der Figur sahe, oder auch dem bloßen Begriffe derselben nachspüren und gleichsam davon ihre Eigenschaften ablernen, sondern durch das, was er nach Begriffen selbst a priori hineindachte und darstellete (durch Konstruktion), hervorbringen müsse, und daß er, um sicher etwas a priori zu wissen, er der Sache nichts beilegen müsse, als was aus dem notwendig folgte, was er seinem Begriffe gemäß selbst in sie gelegt hat." [B XI/XII]. Hierzu ist anzumerken, daß Thales nicht unbedingt so gedacht haben muß, wie das von Kant geschildert wird. Doch für Kant steht fest, daß in der Mathematik seit Thales synthetische Aussagen a priori gewonnen werden. Mathematik dient hier der Metaphysik als Vorbild. Bei Thales betont Kant auch den konstruktiven Charakter der Argumentation im Hinblick auf Begriffe. Dazu sagt er selbst an einer späteren Stelle: „Die philosophische Erkenntnis ist die Vernunfterkenntnis aus Begriffen, die mathematische aus der Konstruktion der Begriffe." [B 741]. Hier dient die Mathematik als Kontrast, genau wie in der gleich darauf folgenden Passage: „Die philosophische Erkenntnis betrachtet also das Besondere nur im Allgemeinen, die mathematische das Allgemeine im Besonderen..." [B 742]. Häufig werden auch typische Eigenschaften der Mathematik genannt, die von der Philosophie nicht übernommen werden dürfen: „Die Gründlichkeit der Mathematik beruht auf Definitionen, Axiomen, Demonstrationen. Ich werde mich damit begnügen, zu zeigen: daß keines dieser Stücke in dem Sinne, darin sie der Mathematiker nimmt, von der Philosophie könne geleistet, noch nachgeahmet werden." [B 754/755]. Hier wird also der Unterschied herausgestellt mit dem Ziel, die besonderen Bedingungen der Philosophie bzw. Vernunfterkenntnis zu verdeutlichen.

Sowohl die „Kritik" als auch die „Prolegomena" enthalten viele wertvolle Einsichten und Hinweise zur Mathematik; jedoch darf nicht übersehen werden, daß diese Bemühungen Kants nicht Selbstzweck, sondern Mittel zum Zweck sind. Das eigentliche Ziel gilt zu jeder Zeit der Philosophie; aber Kant ist davon überzeugt, daß er dieses Ziel nur mit Blick auf Mathematik erreichen kann. Jaspers hat darüber in seiner Kant-Biographie geschrieben: „Kant vollzieht die Befreiung der Philosophie von der Mathematik unter gleichzeitiger Erkenntnis der einzigartigen Bedeutung der Mathematik." [Jaspers 1981, S. 407]. Die scharfsinnige Analyse der Wissenschaft Mathematik ermöglicht Kant also den Weg zur Philosophie als einen Prozeß der Befreiung; die Frage nach synthetischen Aussagen a priori in der Philosophie wird nicht direkt angegangen, sondern auf dem Umweg über die entsprechenden Aussagen in der Mathematik: „Aber für Kant wurde die Tragweite der Mathematik zur Frage, und damit fragte er nach dem Unterschied philosophischer und mathematischer Erkenntnis." [Jaspers 1981, S. 406]. Klarer kann man die methodische Rafinesse von Kant wohl kaum beschreiben; die philosophische Erkenntnis wird über die mathematische Erkenntnis und den Unterschied der beiden Erkenntnisformen bestimmt.

4. Mathematik mit Blick auf Philosophie: Schopenhauer

Schopenhauer wurde 1788 in Danzig geboren, verbrachte seine Jugendzeit aber hauptsächlich in Hamburg. Sein Studium an den Universitäten Göttingen, Berlin und Jena schloß er 1813 mit der Dissertation „Über die vierfache Wurzel des Satzes vom zureichenden Grunde" ab. 1820 habilitierte sich Schopenhauer an der Universität Berlin; er war jedoch als akademischer Lehrer nicht übermäßig erfolgreich. Ab 1831 lebte er zurückgezogen als Privatgelehrter in Frankfurt; dort ist er 1860 gestorben.

In seiner Dissertation hat Schopenhauer der Welt ein philosophisches Raster aufgeprägt; es wird schlechthin alles Seiende in vier Grund-Typen eingeteilt: Grund des Werdens, Grund des Erkennens, Grund des Seins, Grund des Willens. Dieses philosophische System hat Schopenhauer sowohl in seinem Hauptwerk „Die Welt als Wille und Vorstellung" als auch in seiner 1820 gehaltenen „Vorlesung über die gesammte Philosophie" ausführlich dargestellt und entfaltet. Innerhalb dieses philosophischen Systems plädiert Schopenhauer nun für einen Wechsel in der Ortsbestimmung von Mathematik, insbesondere von Geometrie. Er schlägt also eine Neuorientierung von Geometrie mit Blick auf Philosophie vor.

Zum Verständnis des Schopenhauerschen Vorschlags müssen wir kurz auf den Grund des Erkennens und den Grund des Seins zu sprechen kommen. Schopenhauers Lehre vom zureichenden Grund kann aufgefaßt werden als Theorie einer Relation auf der Klasse aller Objekte. Bei dieser Theorie stehen gewisse Paare von Objekten in der Grund-Folge-Relation: „... alle Objekte stehn wesentlich als solche in einer gesetzmäßigen und ihrer Form nach apriori bestimmbaren Verbindung unter einander. – Diese Verbindung ist also diejenige Relation, welche der Satz vom Grund allgemein genommen ausdrückt." [Schopenhauer 1986, S. 444]. Die Objekte werden in vier Klassen eingeteilt und dann auf ihre Relation hin untersucht. Für uns sind nur die zweite und dritte Klasse von Bedeutung: die Klasse der abstrakten, begrifflichen Objekte – sodann die Klasse von Objekten reiner Anschauung in Raum und Zeit. Die Klasse der abstrakten Objekte unterliegt dem Grund des Erkennens; zwischen den Objekten besteht hier eine nicht-symmetrische Grund-Folge-Relation; die Rollen von Grund und Folge sind nicht austauschbar. Für die Klasse der Objekte in reiner Anschauung ist der Grund des Seins zuständig. Für die Objekte dieser Klasse ist die Grund-Folge-Relation symmetrisch; es sind Grund und Folge austauschbare Prädikate.

Mit diesem philosophischen Raster blickt Schopenhauer nun auf die Geometrie. Er vertritt die These, daß Euklids Präsentation und Auffassung von Geometrie – die ja bis ins 19. Jahrhundert unangefochten anerkannt war – der Sache nach verfehlt ist. Euklids Geometrie in axiomatisch-deduktiver Form unterliegt den Prinzipien vom Grund des Erkennens; nach Schopenhauer gehört jedoch die Geometrie in den Wirkungsbereich vom Grund des Seins. Er demonstriert den entscheidenden Unterschied an mehreren Beispielen; wir skizzieren hier nur seine Behandlung des Satzes von Pythagoras. Zunächst erinnert er in recht polemischem Ton an Euklids Beweis: „Jenen Eukleidischen stelzbeinigen, ja hinterlistigen Beweis hier zu wiederholen wäre zu weitläufig..." [Schopenhauer 1986, S. 455]. Dann bietet er folgende Alternative an.

„Den Seynsgrund jener Wahrheit zeigt folgende Figur.

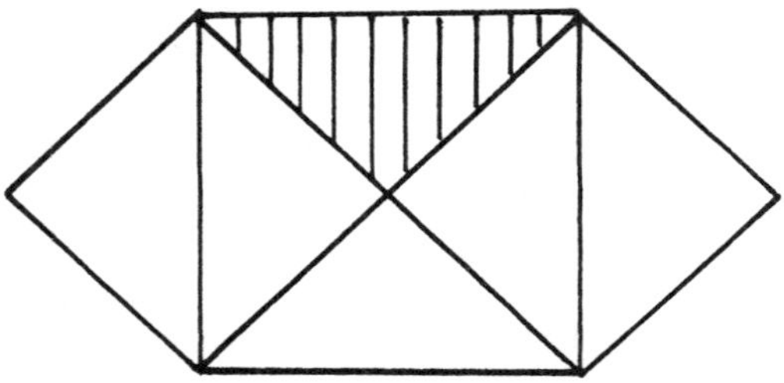

Sie gibt, was jener Eukleidische Beweis nie geben kann, Einsicht in die Sache, innere feste Überzeugung von jener Notwendigkeit und von der Abhängigkeit jener Eigenschaft vom rechten Winkel."

[Schopenhauer 1986, S. 455]. Schopenhauer hält seine Figur deshalb dem Beweis Euklids überlegen, weil hier nicht deduktiv geschlossen, sondern quasi auf einen Blick – wie er meint – der eigentliche Seinsgrund erschaut wird. Im Grund des Erkennens ist die Deduktion die sachgerechte Argumentation, im Grund des Seins jedoch wird die Wahrheit direkt erschaut. Euklid siedelte die Geometrie im Grund des Erkennens an, nach Schopenhauer ist für sie der Grund des Seins zuständig. Nun besitzt die Figur ohne Frage suggestive Kraft. Doch beschränkt sich die durch jene Figur gewonnene Einsicht zunächst nur auf den Spezialfall gleichseitiger Dreiecke. Dies ist auch Schopenhauer klar, denn er fügt hinzu: „Auch bei ungleichen Katheten müßte sich die Sache anschaulich machen lassen." [Schopenhauer 1986, S. 455]. Er ist also überzeugt, daß es auch für den allgemeinen Fall einen Zugang allein im Medium intuitiver Anschauung gibt, frei von jeder Deduktion aus Axiomen. Diese Aussage ist keinesfalls auf die explizit abgehandelten Beispiele beschränkt, sie gilt für Schopenhauer grundsätzlich für die gesamte Mathematik: „...aber er [der Seinsgrund] muß überall aufzuweisen und auch die verwickeltesten Lehrsätze auf so eine einfche Anschauung zurückzuführen seyn..." [Schopenhauer 1986, S. 453]. Schopenhauer ist also der Meinung, daß Mathematik in die Zuständigkeit des Grunds vom Sein gehört und daß daher jede mathematische Aussage intuitiv-anschaulich in ihrem Seinsgrund erschaut werden kann. Die Behandlung der Geometrie durch Euklid nach deduktiven Prinzipien und also die Anbindung an den Grund des Erkennens sieht er als falsch an. Allenfalls eine vorläufige Darstellung in diesem Rahmen läßt er gelten, solange der für ihn einzig richtige und sachgemäße Zugang noch nicht gefunden ist. Aber er ist und bleibt der Meinung, daß man in der Geometrie und in der gesamten Mathemtik auf Axiome und deduktive Beweise grundsätzlich völlig verzichten und die Wahrheit vollends mit intuitiver Anschauung abrufen kann.

Er geht sogar noch einen Schritt weiter, wenn er sagt, daß nur auf diesem Weg der wahre Kern jeder geometrischen Aussage erreichbar ist: „Warum soll man in der Geometrie sich mit dem Wissen, *daß* etwas sei begnügen und nicht einsehn wollen *warum*? Aber dies ist eben das Eigenthümliche und Fehlerhafte der Eukleidischen Methode, daß sie bloß jenes giebt ohne sich um dieses zu bekümmern." [Schopenhauer 1986, S. 456].

Schopenhauers Ausführungen lesen sich wie „Prolegomena zu einer jeden künftigen Mathematik, die nicht als beweisende Wissenschaft wird auftreten müssen“. Seine Mahnung und Forderung nach anschaulicher Einsicht – bei ihm mit Blick auf Philosophie formuliert und aus seinem philosophischen System abgeleitet – sollten wir nicht ignorieren; seinen Optimismus, auf diesem Weg die gesamte Geometrie zu gewinnen, teilen wir heute allerdings nicht mehr.

5. Die philosophische Karriere eines mathematischen Begriffs: Axiom

Die Elemente von Euklid sind die älteste, uns überlieferte geschlossene Darstellung von Mathematik. Der darin realisierte Präsentationsstil wird heute gern als axiomatisch-deduktiv bezeichnet. Am Anfang stehen Axiome, für die weder eine Rechtfertigung noch ein Beweis gegeben werden; aus den Axiomen wird dann der Bestand an Mathematik nach der Methode der Deduktion entfaltet. Die Form der Präsentation ist selbstverständlich mitbestimmt durch die Auffassung vom Wissenschaftscharakter der Mathematik. So wollen wir fragen, welche Entwicklungen und Gründe für den axiomatischen Aufbau der Mathematik bei Euklid verantwortlich sind.

Auch große Teile gegenwärtiger Mathematik werden im Raster Axiom-Deduktion dargestellt; die von Euklid kreierte axiomatische Methode hat also bis in die Gegenwart hinein Konjunktur – trotz Schopenhauers Plädoyer für eine Abkehr von dieser Art des Umgangs mit Mathematik. Im zweiten Teil dieses Abschnitts wollen wir den Bedeutungswandel des Begriffs Axiom von Euklid über Leibniz und Kant bis in unser Jahrhundert verfolgen.

Weder in der Thaletischen noch in der Pythagoreischen Geometrie ist von Axiomen die Rede. Zwar hat Thales allgemeingültige Aussagen – etwa: der Kreis wird durch den Durchmesser halbiert – nicht nur formuliert, sondern auch bewiesen; man nimmt heute an, daß er mit Symmetrie und Deckungsgleichheit argumentiert hat. Aber für einen Hinweis auf Überlegungen in Richtung auf Axiome gibt es keinerlei Anhaltspunkte. In der pythagoreischen Geometrie finden wir bereits kleine geschlossene Theorien, die dem Prinzip der Grund-Folge-Relation verpflichtet sind und schon Beweise in systematischer Form enthalten. Aber auch hier ist noch kein Ansatz zu erkennen, die gesamte Geometrie von wenigen Axiomen ausgehend aufzubauen. Es ist also etwa im 4. Jahrhundert v. Chr. nicht nur die Möglichkeit eines axiomatischen Aufbaus der Geometrie bemerkt worden, sondern damals hat sich offensichtlich auch die Überzeugung durchgesetzt, daß ein solcher Aufbau erstrebenswert und sinnvoll ist. In neuerer Zeit ist die Bedeutung von Platon und der Akademie für diese Entwicklung herausgestellt und durch Quellen belegt worden.

Platons Schüler Philippos hat in der „Epinomis", einem Anhang zu Platons „Nomoi", die von Platon gestellte Aufgabe der Zusammenschau aller mathematischen Wissenschaften präzisiert und ausführlich erläutert. In der neuen Übersetzung von Gaiser heißt es dort: „Bei jeder geometrischen Figur und jedem Zahlengefüge und jeder Fügung einer Harmonie und der Gestirnumläufe muß die Übereinstimmung als eine einzige von allen aufscheinen für den, der nach rechter Art lernt und begreift. Sie wird aber erscheinen, wenn jemand, wie man sagt, richtig „auf eines blickend" lernt; denn ein einziges Band, das von Natur dies alles verbindet, wird denen aufscheinen, die alles durchdenken". [Epinomis 990Cff, zitiert nach Gaiser 1986, S. 109]. Diese Passage wirbt für eine Einheit des Ganzen mit „Übereinstimmung als eine einzige" sowie „auf eines blickend" und auch mit „ein einziges Band". In dieselbe Richtung weist ein Bericht von Dikaiarch, einem Schüler von Aristoteles: „Es war aber auch ein großer Forschritt der mathematischen Wissenschaften in jener Zeit zu erkennen, wobei Platon die baumeisterliche Leitung hatte und die Aufgben stellte, die dann die Mathematiker mit Eifer erforschten.... Denn damals entstanden sowohl die Methode der Analysis als auch die Dihorismoi (Möglichkeitsbestimmungen); „[zitiert nach Gaiser 1986, S. 119]. Unter der baumeisterlichen Leitung von Platon wurde also die Methode der Analysis bzw. Analyse entwickelt, die komplexe Zusammenhänge in eine gegliederte Ordnung mit möglichst einfachen und durchsichtigen Anfängen zu bringen hatte. Gaiser deutet diese Berichte über Platon und seine Akademie dahingehend, daß Platon selbst Anstöße und Anregungen zu einer Axiomatisierung der Mathematik gegeben habe, die von den Mathematikern seiner Zeit aufgenommen und dann von Euklid in eine endgültige Form gebracht wurden: „Euklids Definitionen, Postulate und Axiome entsprechen methodisch und sachlich dem platonischen Programm; und es ist allgemein anerkannt, daß Euklid die Vorarbeiten der platonischen Schule übernommen hat.“ [Gaiser 1986, S. 120/121].

Euklids „Elemente“ beginnen mit Definitionen, Postulaten und Axiomen. Schauen wir uns einige Beispiele an.

Definitionen

1. Ein *Punkt* ist, was keine Teile hat.
2. Eine *Fläche* ist, was nur Länge und Breite hat.

Postulate

Gefordert soll sein:
1. Daß man von jedem Punkt nach jedem Punkt die Strecke ziehen kann.
2. Daß man eine begrenzte gerade Linie zusammenhängend gerade verlängern kann.

Axiome

1. Was demselben gleich ist, ist auch einander gleich.
2. Wenn Gleichem Gleiches hinzugefügt wird, sind die Ganzen gleich.

Aus der Sicht der heutigen Mathematik würden wir die Postulate Euklids als Axiome der euklidischen Geometrie bezeichnen und die bei Euklid als Axiome genannten Aussagen als Axiome der Logik.

Die Frage, warum Euklid eine Trennung in Postulate und Axiome vornimmt, ist noch nicht zufriedenstellend geklärt. Auffällig ist, daß fast alle Postulate einen dynamischen Charakter haben – ziehen, verlängern usw. – und daß die meisten Axiome aus Gleichheitsaussagen bestehen. Nun werden in Zenons Paradoxien die Tücken der Anschauung insbesondere im Hinblick auf Bewegung und Gleichheit demonstriert; es ist deshalb gut möglich, daß Euklid die allgemeine Verunsicherung gerade in diesen beiden Bereichen gleich zu Beginn systematisch abbauen möchte.

Wie eigentlich fast alle Begriffe, die in der klassischen Antike neu geschaffen werden, findet auch der Begriff Axiom seinen Platz in der umfassenden Systematik des Aristoteles. In der zweiten Analytik entwickelt er seine Prinzipienlehre; dabei heißt es: „Ich nenne aber Prinzipien in jeder Gattung diejenigen, von denen sich nicht beweisen läßt, daß sie sind (gelten).“ [Zweite Analytik 76a 32]. Die Prinzipien werden unterteilt in Thesen und Axiome und die Thesen wiederum in Definitionen und Hypothesen [Zweite Analytik 72a 15]:

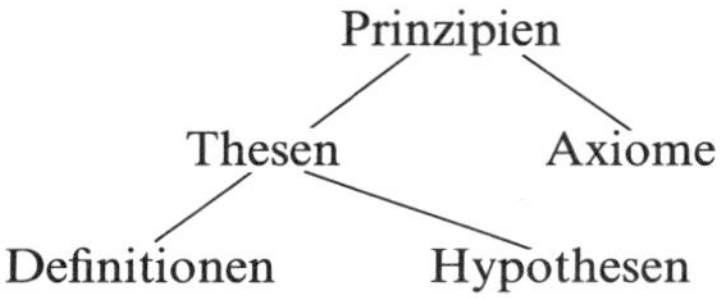

Über Thesen und Axiome sagt Aristoteles: „...nenne ich Thesen diejenigen, die man nicht beweien kann und nicht jeder schon inne zu haben braucht, der irgendetwas lernen will, dagegen nenne ich die Prinzipien, die jeder, der lernen will, inne haben muß, Axiome.“ [Zweite Analytik 72a 15]. Die Axiome einer Wissenschaft werden bei Aristoteles nicht durch die Wissenschaft selbst untersucht: „Doch man muß nun die Frage erörtern, ob es Aufgabe *einer* Wissenschaft oder verschiedener Wissenschaften ist, von den in der Mathematik so genannten Axiomen und vom Wesen zu handeln. Aber offenkundig ist die Erforschung dieser Axiome Aufgabe *einer* Wissenschaft, und zwar der des Philosophen; ... Weil also offenbar die Axiome für alles, insofern es seiend ist, zutreffen..., so ist deren Betrachtung Aufgabe dessen, der das Seiende, insofern es seiend ist, erkennt. Aus diesem Grund unternimmt es auch kein Fachwissenschaftler, über die Axiome auszusagen, ob sie wahr sind oder nicht, weder der Geometer noch der Arithmetiker,...“ [Metaphysik 1005a]. Aristoteles weist in dieser Passage sehr deutlich auf die philosophische Karriere der mathematischen Axiome hin. Da nun für die Griechen Philosophie in erster Linie Ontologie ist, haben die geometrischen Axiome in der Antike einen ontologischen Status: sie machen wahre Aussagen über das Seiende. In der Wahl der Axiome liegt dabei eine gewisse Willkür, denn unter den wahren geometrischen Aussagen sind nicht einige vorab als Axiome ausgezeichnet. Auch müssen Axiomensysteme nicht notwendig klein sein; durch eine Hinzunahme von Folgerungen zu den Axiomen werden ja weder der Bestand noch das Potential wahrer Aussagen beeinflußt. Doch ist schon in der Antike die Tendenz zu beobachten, die Zahl der Axiome möglichst gering zu halten.

Leibniz vertritt die Meinung, daß man in der Mathematik im Prinzip auf Axiome ganz verzichten kann; für ihn ist Mathematik eine analytische Wissenschaft, die allein mit Definitionen und dem logischen Satz vom Widerspruch auskommen kann. Allerdings ist Leibniz bewußt, daß ein Aufbau der Mathematik nach diesem Vorbild sehr schwierig ist und erst noch geleistet werden muß. Dabei greift er durchaus auf Euklid zurück, versucht jedoch, die dort verwendeten Axiome zu umgehen und durch geeignete Definitionen zu ersetzen: „Daher mußte Euklid, da er keine distinkt ausgedrückte Idee, d. h. keine Definition der Geraden besaß, ..., auf zwei Axiome zurückgreifen, die ihm statt Definitionen gedient haben, und die er in seinen Beweisen verwendet..." [Leibniz 1971, S. 542].

Im Gegensatz zu Leibniz vertritt Kant die Auffassung, daß Mathematik auf Axiome nicht verzichten kann; über Axiome sagt er: „Von den Axiomen. Diese sind synthetische Grundsätze a priori, so fern sie unmittelbar gewiß sind." [B 761]. In der Philosophie gibt es für Kant keine Axiome im Sinne dieser Erklärung, jedoch: „Die Mathematik dagegen ist der Axiomen fähig, weil sie vermittelst der Konstruktion der Begriffe in der Anschauung des Gegenstandes die Prädikate desselben a priori und unmittelbar verknüpfen kann, ..." [B 761]. Für Kant haben die Axiome jedoch einen völlig anderen Status als in der klassischen Antike. Bei Aristoteles und Euklid sind Axiome der Geometrie wahre Aussagen über Seiendes; hier haben die Axiome einen ontologischen Status. Für Kant hingegen sind Axiome der Geometrie synthetische Aussagen a priori, dies entspricht einem gnoseologischen Status der Axiome. Der Unterschied beider Auffassungen ist gravierend; aber auf eine wesentliche Gemeinsamkeit sei mit Nachdruck hingewiesen: in beiden Fällen – Antike und Kant – bestehen Axiome aus wahren Aussagen über konkrete Objekte wie Punkte, Geraden, Ebenen usw.. Genau dieser Aspekt des Begriffs Axiom wird nun um 1900 von Hilbert im Rahmen einer neuen Auffassung von Mathematik radikal in Frage gestellt. Das Axiom „Je zwei Punkte liegen auf einer Geraden" findet sich bei Euklid, wird auch von Kant akzeptiert und steht genau so bei Hilbert. Aber bei Euklid und Kant handelt es sich um eine Aussage über Punkte und Geraden; dies sind Objekte des Seienden oder Konstruktionen in reiner Anschauung. Hilbert jedoch beginnt mit disjunkten Mengen und *nennt* die Elemente der ersten Menge Punkte, *nennt* die Elemente der zweiten Menge Geraden usw.. In der Antike und bei Kant beziehen sich die Axiome auf zuvor Existierendes oder Konstruiertes: Punkte, Geraden; bei Hilbert werden die Begriffe „Punkt", „Gerade" überhaupt erst durch das Axiomensystem konstituiert: „Wenn es sich darum handelt, die Grundlagen einer Wissenschaft zu untersuchen, so hat man ein System von Axiomen aufzustellen, welche eine genaue und vollständige Beschreibung derjenigen Beziehungen enthalten, die zwischen den elementaren Begriffen jener Wissenschaft stattfinden. Die aufgestellten Axiome sind zugleich die Definitionen jener elementaren Begriffe." [Hilbert 1970, S. 299/300]. Diese vollkommen neue Auffassung von Mathematik ist nicht von allen Kollegen Hilberts akzeptiert worden; so schlägt Frege das Axiom „Jedes Anej bazet wenigstens zwei Ellah" vor und fügt hinzu, daß die im Axiom neu vorkommenden Begriffe Anej, bazet und Ellah eben durch das Axiom mit definiert werden. [Frege 1906, S. 297 ff]. Mit dieser Persiflage kommt zumindest ein zentraler Aspekt der neuen Auffassung von Mathematik deutlich in den Blick: die Objekte bzw. Begriffe, die in den Axiomen vorkommen, sind nicht unabhängig von den Axiomen existent, haben also kein Eigenleben ohne die Axiome.

Durch die neue Auffassung vom Begriff Axiom bei Hilbert entstehen zwangsläufig Probleme, die weder in der Antike noch bei Kant auftreten konnten; hierzu gehören insbesondere das Wahrheitsproblem und das Existenzproblem. Bei antiker Auffassung können Axiome nicht falsch sein und auch als System nicht zu falschen Aussagen führen. Bei Hilbert handelt es sich um ein zentrales Problem: „Vor allem aber möchte ich unter den zahlreichen Fragen, welche hinsichtlich der Axiome gestellt werden können, dies als das wichtigste Problem bezeichnen, zu beweisen, daß dieselben untereinander widerspruchslos sind, ..." [Hilbert 1970, S. 300]. Die Widerspruchsfreiheit löst für Hilbert nicht nur das Wahrheitsproblem, sondern auch das Existenzproblem: „Wenn man einem Begriffe Merkmale erteilt, die einander widersprechen, so sage ich: der Begriff existiert mathematisch nicht. ... Gelingt es jedoch zu beweisen, daß die dem Begriffe erteilten Merkmale ... niemals zu einem Widerspruche führen können, so sage ich, daß damit die mathematische Existenz des Begriffes ... bewiesen worden ist." [Hilbert 1970, S. 300/301]. Die ist auch der Grund, warum Beweise für Widerspruchsfreiheit in der von Hilbert begründeten formalen Mathematik eine so wichtige Rolle spielen.

Die Axiome der Geometrie stimmen in der Formulierung bei Euklid, Kant und Hilbert weitgehend überein; aber sie sagen – in Abhängigkeit von der philosophischen Grundposition – etwas völlig Verschiedenes aus.

6. Auftrag an die Zukunft: Philosophie der Mathematik

Es besteht keineswegs Konsens darüber, was Philosophie der Mathematik ist oder sein sollte. Manche identifizieren Philosophie der Mathematik mit Grundlagenstreit der Mathematik; andere erwarten von ihr eine auch für Nichtphilosophen und Nichtmathematiker verständliche Charakterisierung von Mathematik als Wissenschaft. Darüberhinaus ist es durchaus möglich, daß es nicht nur eine, sondern mehrere Realisierungen von Philosophie der Mathematik gibt. Angesichts der Vielfalt von Auffassungen und Erwartungen präzisieren wir zunächst unsere Vorstellung von jeder Philosophie der Mathematik:

1. Sie muß Kenntnisse, Erfahrungen und Probleme der Mathematik in einen Zusammenhang bringen, so daß Gemeinsamkeiten und Unterschiede der vielfältigen mathematischen Aktivitäten deutlich werden.
2. Dieser Zusammenhang muß in einen philosophischen Kontext eingepaßt werden, der sich aus wenigen Grundthesen mit transparenten Methoden entfalten läßt.
3. In diesem philosophischen Kontext muß sich durch synoptische Interpretation und diagnostische Modellierung die mathematische Wirklichkeit deuten und verstehen lassen.

Bewußt vermieden wurde dabei die mitunter vorgenommene Verkürzung der Problemstellung auf die Frage nach dem ontologischen Status mathematischer Objekte; es soll die gesamte mathematische Wirklichkeit in den Blick genommen werden. Schon Aristoteles weist darauf hin, daß es möglicherweise nicht gelingt, den ontologischen Status mathematischer Objekte auszumachen; dann müsse man sich eben dem Umgang mit den Objekten widmen: „Wenn die mathematischen Dinge existieren, so müssen sie entweder in den Sinnesdingen existieren, wie einige sagen, oder sie müssen getrennt von den Sinnesdingen existieren (auch so erklären sich einige); oder wenn keines von beiden der Fall ist, so existieren sie entweder gar nicht oder auf eine andere Weise. Also wird unsere Untersuchung im letzteren Falle nicht von ihrem Sein handeln, sondern von der Art ihres Seins." [Metaphysik 1076a].

Eine optimale Realisierung jener Philosophie der Mathematik, wie sie hier durch die drei Forderungen fixiert ist, scheint uns in der platonischen Akademie gelungen zu sein. Dort ist in der Tat die gesamte mathematische Wirklichkeit mit philosophischen Denkformen erfaßt worden; nochmals sei jene Stelle bei Philippos zitiert, wo er auf die Einheit hinweist: „Bei jeder geometrischen Figur und jedem Zahlengefüge und jeder Fügung einer Harmonie und der Gestirnumläufe muß die Übereinstimmung als eine einzige von allen aufscheinen für den, der nach rechter Art lernt und begreift. Sie wird aber erscheinen, wenn jemand, wie man sagt, richtig „auf eines blickend" lernt; denn ein einziges Band, das von Natur dies alles verbindet, wird denen aufscheinen, die alles durchdenken." [Gaiser 1986, S. 109]. Weiter sei daran erinnert, daß die philosophische Synopse bei Platon auch anregend und richtungsweisend für den Fortgang der Mathematik ist, wie Dikaiarch zu berichten weiß: „Es war aber auch ein großer Fortschritt der mathematischen Wissenschaften in jener Zeit zu erkennen, wobei Platon die baumeisterliche Leitung hatte..." [Gaiser 1986, S. 119]. Offensichtlich gehen von einer Philosophie der Mathematik auch Impulse aus für die Mathematik selbst.

Seit Platon ist eine Philosophie der Mathematik, so wie sie uns wünschenswert erscheint, nur noch zwei Mal geglückt: durch Descartes und durch Leibniz. Auch bei diesen beiden Denkern verbinden sich philosophische Neuerungen mit mathematischen Fortschritten – beide haben gleichsam die baumeisterliche Leitung ihrer eigenen, neuen Konzeptionen. Das soll an wenigstens einem Beispiel demonstriert werden. Leibniz hat den Begriff der Qualität sowohl in die Mathematik als auch in die Philosophie als wichtige Begründungskomponente neu eingebracht. Dabei kann er nicht eine tradierte philosophische Bedeutung von Qualität übernehmen und auf Mathematik übertragen, auch kann er nicht eine vorgegebene Begriffsbestimmung von Qualität aus der Mathematik in die Philosophie hineinnehmen. Vielmehr muß er Qualität simultan und in Abhängigkeit voneinander sowohl in der Mathematik als auch in der Philosophie einführen. Am Anfang steht eine noch recht allgemeine Kennzeichnung: „Die Qualität aber ist diejenige Bestimmtheit der Dinge, die sich an ihnen erkennen läßt, wenn man sie einzeln und für sich genommen betrachtet, auch ohne daß sie also in unmittelbarem Beisammen gegeben zu sein brauchen. Hierher gehören alle Attribute, die sich durch Definition oder durch eine Mannigfaltigkeit von Merkmalen, die sie einschließen, erklären lassen." [Leibniz 1966, S. 71]. Dies wird durch eine geometrische Aussage erläutert: gleichwinklige Dreiecke haben zueinander proportionale Seiten. Nach dieser mathematischen Präzisierung wird nun wieder die Möglichkeit genutzt, die Ähnlichkeit in den philosophischen Kontext neu einzufügen: „Ich bin durch eine Erklärung der Qualität oder Form, die ich aufgestellt, zu der Bestimmung gekommen, daß ähnlich das ist, was für sich beobachtet nicht voneinander unterschieden werden kann." [Leibniz 1966, S. 71/72].

Mit der Hereinnahme der Qualität in die Begründung hat Leibniz der Mathematik eine neue Richtung gewiesen und damit eine Entwicklung eingeleitet, die bis in die Gegenwart hinein für Mathematik als Wissenschaft bestimmend geblieben ist. Aber Leibniz hat auch hier das Ganze im Blick. Qualität und Ähnlichkeit involvieren die Kombinatorik als neue Disziplin: „Übrigens ist für mich die kombinatorische Kunst speziell diejenige Wissenschaft, – oder auch, wie man sie allgemein nennen könnte, – diejenige Charakteristik oder Bezeichnungskunst, die die Formen oder Formeln der Dinge überhaupt, d. h. ihre Qualität im allgemeinen oder das Verhältnis des Ähnlichen und Unähnlichen an ihnen behandelt." [Leibniz 1966, S. 50]. Die Algebra wird der neuen kombinatorischen Kunst untergeordnet: „Weiter ist zu beachten, daß die gesamte Algebra eine Anwendung der Kombinatorik auf Quantitäten ist." [Leibniz 1966, S. 62]. Von besonderer Bedeutung ist aber die Einbindung der neuen Kombinatorik in die Philosophie: „... eine Anwendung der abstrakten Formenlehre oder allgemeinen Charakteristik, die zur Metaphysik gehört." [Leibniz 1966, S. 62]. Leibniz gibt hier ein überzeugendes Beispiel dafür, wie Philosophie und Mathematik durch eine parallele Fortentwicklung in wechselseitiger Abhängigkeit und Förderung genau jene Philosophie der Mathematik aufbauen, welche den von uns genannten Kriterien entspricht.

In der Gegenwart gibt es leider keine Philosophie der Mathematik, welche die von uns an den Anfang gestellten drei Forderungen auch nur annähernd erfüllt. Fast will es sogar scheinen, als ob unter den Mathematikern nur ein geringes Interesse an derartigen Problemstellungen besteht; das Defizit wird als solches kaum bemerkt oder gar bedauert. Höchst selten nur hört man so deutliche Worte, wie sie Schafarevitsch in seinem Vortrag in der Göttinger Akademie vorgetragen hat. Er erinnert an die lebendige Diskussion um die Einheit der Physik und fährt dann fort: „Wenn wir wieder zur Mathematik zurückkommen, so müssen wir gestehen: Dieses allumfassende Ziel, das von der Physik in ihrem Ehrgeiz mehrfach aufgestellt wurde, allerdings ohne Erfolg, dieses Ziel ist in unserer Wissenschaft überhaupt noch nicht angestrebt worden.“ [Schafarevitsch 1973, S. 33]. Im weiteren Verlauf seines Vortrags weist Schafarevitsch darauf hin, daß ein solches Ziel für jede Wissenschaft grundsätzlich unerläßlich ist und daß dies für die Mathematik der Gegenwart in ganz besonderem Maße zutrifft. Ein derartiges Ziel kann jedoch nicht allein aus der Mathematik heraus bestimmt werden: „Mehr als zweitausend Jahre Geschichte haben uns davon überzeugt, daß die Mathematik aus sich allein kein eigentliches Ziel zur Steuerung ihres Fortschreitens angeben kann. Daher muß sie dieses Ziel von außen empfangen.“ [Schafarevitsch 1973, S. 35]. Diese zuletzt ausgesprochene programmatische Aussage halten wir sowohl für unrealistisch als auch für bedenklich. Die Hoffnung, der Mathematik könne dieses Ziel von einer anderen Instanz frei Haus geliefert werden, wird sich ganz sicher nicht erfüllen. Die Mathematik muß sich zuallererst selbst in die Pflicht nehmen; an der Ausarbeitung eines solchen Ziels hat sie sich kreativ und aktiv zu beteiligen. Nur wenn sie in die Zusammenarbeit mit anderen Disziplinen sich selbst als engagierten Partner einbringt, wird in der Zukunft jene Philosophie der Mathematik erarbeitet werden können, die auch eine zeitgemäße Orts- und Wesensbestimmung von Mathematik als Wissenschaft enthält.

Literatur

Zunächst werden einige Standardwerke genannt, welche die gesamte Untersuchung anregend und herausfordernd beeinflußt haben. Danach folgen spezielle Literaturhinweise zu den einzelnen Kapiteln.

Becker, O.: Grundlagen der Mathematik in geschichtlicher Entwicklung; Frankfurt/M. 1975

Burkert, W.: Weisheit und Wissenschaft – Studien zu Pythagoras, Philolaos und Platon; Nürnberg 1962

Davis, P.J – Hersh, R.: Erfahrung Mathematik; Basel 1986

Fritz, K. v.: Grundprobleme der Geschichte der antiken Wissenschaft; Berlin 1971

Gericke, H.: Mathematik in Antike und Orient; Berlin 1984

Kocka, J. (Hrsg.): Interdisziplinarität Praxis – Herausforderung – Ideologie; Frankfurt/M. 1987

Lorenzen, P.: Die Entstehung der exakten Wissenschaften; Berlin 1960

Rožanskij, I. D.: Geschichte der antiken Wissenschaft; München 1984

Schadewaldt, W.: Die Anfänge der Philosophie bei den Griechen – Die Vorsokratiker und ihre Voraussetzungen; Frankfurt/M. 1978

Schelsky, H.: Einsamkeit und Freiheit – Idee und Gestalt der deutschen Universität und ihrer Reformen; Reinbek 1963

Waerden, B. L. v. d.: Erwachende Wissenschaft – ägyptische, babylonische und griechische Mathematik; Basel 1966

Weizsäcker, C. F. v.: Die Tragweite der Wissenschaft, Erster Band – Schöpfung und Weltentstehung. Die Geschichte zweier Begriffe; Stuttgart 1964

Weyl, H.: Philosophie der Mathematik und Naturwissenschaften, 5. Aufl.; München 1982

I. Interdisziplinarität – ihr Problem und ihre Probleme

Zu 1.:

Internationales Jahrbuch für interdisziplinäre Forschung. Band 1: Wissenschaft als interdisziplinäres Problem, Teil 1; Berlin 1974

Zu 2.:

Antike Komödien: Aristophanes; hrsg. v. H.-J. Newiger; Darmstadt 1974

Aristoteles: Metaphysik; übers. u. hrsg. v. F. Schwarz; Stuttgart 1984

Aristoteles: Nikomachische Ethik; übers. u. komment. v. F. Dirlmeier, 6. Aufl.; Berlin 1974

Die Vorsokratiker I: Ausw. der Fragm., Übers. u. Erl. v. J. Mansfeld; Stuttgart 1983

Fritz, K. v.: Der gemeinsame Ursprung der Geschichtsschreibung und der exakten Wissenschaften bei den Griechen; Philosophia Naturalis, Bd. 2 (1952), S. 200–223, 376–379

Platon: Sämtliche Werke, Bd. 1–6, hrsg. v. W. F. Otto – E. Grassi – G. Plamböck; Reinbek 1958 ff

Snell, B.: Die Ausdrücke für den Begriff des Wissens in der vorplatonischen Philosophie; Berlin 1924

Waerden, B. L. v. d.: Die vier Wissenschaften der Pythagoreer. Rheinisch-Westfälische Akademie der Wissenschaften. Vorträge Nr. 268; Opladen 1977

Zu 3:

Aristoteles: Lehre vom Beweis oder Zweite Analytik (Organon IV); übers. v. E. Rolfes; Hamburg 1976

Kant, I.: Werke in zehn Bänden; hrsg. v. W. Weischedel; Sonderausgabe Darmstadt 1983

Zu 4.:

Lorenzen, P.: Interdisziplinäre Forschung und infradisziplinäres Wissen; in: ders.: Konstruktive Wissenschaftstheorie; Frankfurt/M. 1974, S. 133–146

Lorenzen, P. – Schwemmer, O.: Konstruktive Logik, Ethik und Wissenschaftstheorie, 2. Aufl.; Mannheim 1975

Mittelstraß, J.: Interdisziplinarität – mehr als bloßes Ritual? Universitas, 41. Jhg. (1986), S. 1052–1055

II. Sprache und Mathematik

Zu 2.:

Die Vorsokratiker, I: Ausw. der Fragm., Übers. u. Erl. v. J. Mansfeld; Stuttgart 1983

Kant, I.: Werke in zehn Bänden; hrsg. v. W. Weischedel; Sonderausgabe Darmstadt 1983

Homer: Ilias · Odyssee; In der Übertragung von J.H. Voß. Mit einem Nachwort von W.H. Friedrich und Literaturhinweisen von F. Schönnagel, 5. Aufl.; München 1988

Snell, B.: Die Ausdrücke für den Begriff des Wissens in der vorplatonischen Philosophie; Berlin 1924

Snell, B.: Die alten Griechen und wir; Göttingen 1962

Waerden, B.L. v.d.: Denken ohne Sprache; in: G. Revesz (Ed.): Thinking and Speaking, Amsterdam 1954, S. 165–174

Zu 3.:

Ebbinghaus, H.-D. – Flum, J. – Thomas, W.: Einführung in die mathematische Logik, 2. Aufl.; Darmstadt 1986

Frege, G.: Funktion, Begriff, Bedeutung; Göttingen 1952

Grewendorf, G. – Hamm, F. – Sternefeld, W.: Sprachliches Wissen. Eine Einführung in moderne Theorien der grammatischen Beschreibung; Frankfurt/M. 1987

Lyons, J.: Einführung in die moderne Linguistik, 5. Aufl.; München 1980

Zu 4.:

Wildgen, W.: Archetypensemantik. Grundlagen für eine dynamische Semantik auf der Basis der Katastrophentheorie; Tübingen 1985

Wildgen, W.: Skizze einer katastrophentheoretisch fundierten dynamischen Semantik; Linguistische Berichte, Bd. 84 (1983), S. 33–51

Wildgen, W.: Synergetische Modelle in der Soziolinguistik; Zeitschrift für Sprachwissenschaft, Bd. 5 (1986), S. 105–137

Zu 5.:

Hurford, J. R.: Language and Number. The Emergence of a Cognitive System; Oxford 1987

Weinrich, H.: Singular, Plural und die Zahlen in der deutschen Sprache; in: ders.: Sprache in Texten; Stuttgart 1976, S. 199–218

Zu 6.:

Busch, W.: Die deutsche Fachsprache der Mathematik; Gießen 1933

Götze, A.: Anfänge einer mathematischen Fachsprache in Keplers Deutsch; Berlin 1919

Pörksen, U.: Deutsche Naturwissenschaftssprachen; Tübingen 1986

Schirmer, A.: Der Wortschatz der Mathematik nach Alter und Herkunft geordnet; Straßburg 1912

III. Dichtung und Mathematik

Zu 2.:

Fucks, W.: Mathematische Analyse des literarischen Stils; Studium Generale, Bd. 6 (1953), S. 506–523

Fucks, W.: Nach allen Regeln der Kunst. Diagnosen über Literatur, Musik, bildende Kunst – die Werke, ihre Autoren und Schöpfer; Stuttgart 1968

Fucks, W. – Lauter, J.: Mathematische Analyse des literarischen Stils; in: Gunzenhäuser, R. – Kreuzer, H. (Hrsg.): Mathematik und Dichtung. Versuche zur Frage einer exakten Literaturwissenschaft; München 1971, S. 107–122

Zu 3.:

Hardt, M.: Textstrategie in der Divina Commedia; Romanische Forschungen, Bd. 84 (1972), S. 489–517

Hardt, M.: Die Zahl in der Divina Commedia; Frankfurt/M. 1973

Hardt, M.: Zur Zahlenpoetik Dantes; in: Baum, R. – Hirdt, W.: Dante Alighieri 1985, In memoriam Hermann Gmelin; Tübingen 1985, S. 149–167

Zu 4.:

Dyck, M.: Novalis and Mathematics; Chapel Hill, 1959

Hamburger, K.: Novalis und die Mathematik; in: dies.: Philosophie der Dichter; Stuttgart 1966, S. 11–82

Novalis: Schriften, Herausgegeben von Paul Kluckhohn und Richard Samuel, Band I, 3. Aufl.; Darmstadt 1977; Band II, 3. Aufl.; Darmstadt 1981; Band III, 2. Aufl.; Stuttgart 1968

Preisendanz, W.: Zur Poetik der deutschen Romantik I: Die Abkehr vom Grundsatz der Naturnachahmung; in: H. Steffen (Hrsg.): Die deutsche Romantik. Poetik, Formen und Motive; Göttingen 1978, S. 54–74

Zu 5.:

Broch, H.: Gesammelte Werke, Band 7. Erkennen und Handeln. Essays, Band II; hrsg. u. eingel. v. H. Arendt; Zürich 1955

Broch, H.: Schriften zur Literatur 2. Theorie; hrsg. v. P. M. Lützeler; Frankfurt/M. 1975

Riemer, W.: Mathematik und Physik bei Hermann Broch; in: Hermann Broch, hrsg. v. P. M. Lützeler; Frankfurt/M. 1986, S. 260–271

Winkel, M. A.: Denkerische und dichterische Erkenntnis als Einheit. Eine Untersuchung zur Symbolik in Hermann Brochs „Tod des Vergil"; Frankfurt/M. 1980

Zu 6.:

Jässl, G.: Mathematik und Mystik in Robert Musils Roman „Der Mann ohne Eigenschaften"; Diss. München 1963

Kaizik, J.: Die Mathematik im Werk Robert Musils. Zur Rolle des Rationalismus in der Kunst; Diss. Wien 1980

Musil, R.: [VT] Der Verwirrungen des Zöglings Törless; Reinbek 1960

Musil, R.: Der mathematische Mensch; in: ders.: Gesammelte Werke II, Prosa und Stücke, Aphorismen, Autobiographisches, Essays und Reden, Kritik; Reinbek 1978, S. 1004–1008

Musil, R.: [MoE] Der Mann ohne Eigenschaften; hrsg. v. A. Frise. Neu durchgesehene und verbesserte Ausgabe; Reinbek 1978

Söder, Th.: Untersuchungen zu Robert Musils „Verwirrungen des Zöglings Törless"; Rheinfelden 1988

Zu 7.:

Borst, A.: Das mittelalterliche Zahlenkampfspiel. Supplemente zu den Sitzungsberichten der Heidelberger Akademie der Wissenschaften. Phil.-hist. Klasse, Band 5; Heidelberg 1986

Eigen, M. – Winkler, R.: Ludus vitalis; in: H. v. Ditfurth (Hrsg.): mannheimer forum 73/74, Mannheim 1973/74, S. 53–140

Field, G. W.: On the genesis of the Glasperlenspiel; The German Quarterly, Bd. 41 (1968), S. 673–688

Hesse, H.: [G] Das Glasperlenspiel; ungekürzte Sonderausgabe, Frankfurt/M. 1981

Hesse, H.: Gesammelte Briefe, Vierter Band 1949–1962; Frankfurt/M. 1986

Zu 8.:

Franz, H.: Der Intellektuelle in Max Frischs „Don Juan" und „Homo Faber"; Zeitschrift für Deutsche Philologie, Jahrgang 1971, S. 555–563

Frisch, M.: [DJ] Don Juan oder die Liebe zur Geometrie. Komödie in fünf Akten; Frankfurt/M. 1986

Frisch, M.: [HF] Homo Faber. Ein Bericht; Frankfurt/M. 1977

IV. Religion und Mathematik

Zu 2.:

Aristoteles: Metaphysik; übers. u. hrsg. v. F. Schwarz; Stuttgart 1984

Die Vorsokratiker I: Ausw. der Fragmente, Übers. u. Erl. v. J. Mansfeld; Stuttgart 1983

Mugler, Ch.: Der Schatten des Parmenides; Hermes Bd. 103 (1975), S. 144–154

Platon: Sämtliche Werke, 6 Bände; hrsg. v. W. F. Otto – E. Grassi – G. Plamböck; Reinbek 1958 ff

Zu 3.:

Augustinus: Theologische Frühschriften. Vom freien Willen. Von der wahren Religion; übers. u. erl. v. W. Thimme; Zürich 1962

Hegel, G. W. F.: Vorlesungen über die Philosophie der Religion II. Vorlesungen über die Beweise vom Dasein Gottes. Werke Bd. 17; hrsg. v. E. Moldenhauer – K. M. Michel; Frankfurt/M. 1986

Weischedel, W.: Der Gott der Philosophen. 2 Bände. 2. Aufl.; Darmstadt 1972

Zu 4.:

Aristoteles: Metaphysik; übers. u. hrsg. v. F. Schwarz; Stuttgart 1984

Bendiek, J.: Zur logischen Struktur der Gottesbeweise (I); Franziskanische Studien, Bd. 38 (1956), S. 1–38

Essler, W. K.: Untersuchungen zum zweiten Gottesbeweis des hl. Thomas von Aquin; Franziskanische Studien Bd. 47 (1967), S. 134–136

Essler, W. K. – Brendel, E. – Martinez, R. F.: Einführung in die Logik II, Klassen-Relationen-Zahlen, 3. Aufl.; Frankfurt/M. 1987

Ganthaler, H. – Simons, P.: Bernard Bolzanos kosmologischer Gottesbeweis; Philosophia Naturalis, Jahrgang 1987, S. 469–475

Sobel, J. H.: Gödels ontological proof; in: On Being and Saying. Essays for Richard Cartwright. Ed. by J. J. Thomson; Cambridge/Mass. 1987, S. 241–261

Thomas von Aquino: Summe der Theologie, Erster Band: Gott und Schöpfung; zus., eingel. u. erl. v. J. Bernhart, 3. Aufl.; Stuttgart 1985

Zu 5.:

Jaspers, K.: Nikolaus Cusanus; München 1964

Nikolaus von Kues: Dreiergespräch über das Können-Ist; hrsg. v. R. Steiger, Hamburg 1973

Velthoven, T. V.: Gottesschau und menschliche Kreativität. Studien zur Erkenntnislehre des Nikolaus von Kues; Leiden 1977

Zu 6.:

Curley, E.: Behind the geometrical method. A reading of Spinoza's ethics; Princeton 1988

Euklid: Die Elemente, Buch I–XIII; hrsg. v. C. Thaer, 7. Aufl.; Darmstadt 1980

Jaspers, K.: Spinoza; 2. Aufl., München 1986

Spinoza: Die Ethik – Schriften und Briefe; hrsg. v. F. Bülow, 7. Aufl.; Stuttgart 1982

Zu 7.:

Cantor, G.: Gesammelte Abhandlungen mathematischen und philosophischen Inhalts; hrsg. v. E. Zermelo; Reprint, Berlin 1980

Heisenberg, W.: Naturwissenschaftliche und religiöse Wahrheit; Mitteilungen aus der Max-Planck-Gesellschaft zur Förderung der Wissenschaften, Heft 2 (1973), S. 73–90

Kowalewski, G.: Bestand und Wandel; München 1950

Meschkowski, H.: Aus den Briefbüchern Georg Cantors; Archive for History of Exact Science, Bd. 2 (1965), S. 503–518

V. Musik und Mathematik

Zu 2.:

Becker, O.: Frühgriechische Mathematik und Musiklehre; Archiv für Musikwissenschaft, Bd. 14 (1957), S. 156–164

Die Fragmente der Vorsokratiker I: Griechisch u. Deutsch v. H. Diels. Hrsg. v. W. Kranz. Erster Band, 6. Aufl.; Dublin 1972

Die Vorsokratiker I: Ausw. d. Fragmente, übers. u. erl. v. J. Mansfeld; Stuttgart 1983

Georgiades, Th.: Nennen und Erklingen. Die Zeit als Logos. Aus dem Nachlaß hrsg. v. I. Bengen; Göttingen 1985

Lohmann, J.: Die griechische Musik als mathematische Form; Archiv für Musikwissenschaft, Bd. 14 (1957), S. 147–155

Schröder, E.: Mathematik im Reich der Töne; Thun-Frankfurt 1985

Waerden, B. L. v. d.: Die Harmonielehre der Pythagoreer; Hermes, Bd. 78 (1944), S. 163–199

Waerden, B. L. v. d.: Die Pythagoreer; Zürich 1979

Zu 3.:

Augustinus: Theologische Frühschriften. Vom freien Willen. Von der wahren Religion; übers. u. erl. v. W. Thimme; Zürich 1962

Hellgardt, E.: Zum Problem symbolbestimmter und formalästhetischer Zahlenkomposition in mittelalterlicher Literatur. Mit Studien zum Quadrivium und zur Vorgeschichte des mittelalterlichen Zahlendenkens; München 1973

Nikolaus von Kues: Die belehrte Unwissenheit, Buch II; übers. und mit Vorwort, Anmerkungen und Register hrsg. von P. Wilpert; Hamburg 1967

Perl, C. J.: Aurelius Augustinus: Musik. De musica libri sex. Zum ersten Mal in deutscher Sprache, 3. Aufl.; Paderborn 1962

Schulze, W.: Harmonik und Theologie bei Nikolaus Cusanus; Wien 1983

Zu 4.:

Busch, H. R.: Leonhard Eulers Beitrag zur Musiktheorie; Regensburg 1970

Fellmann, E. A.: Leonhard Euler – Ein Essay über Leben und Werk; in: Leonhard Euler 1707–1783, Beiträge zu Leben und Werk, Gedenkband des Kantons Basel-Stadt; Basel 1983, S. 13–98

Knobloch, E.: Musiktheorie in Eulers Notizbüchern; NTM: Schriftenreihe für Geschichte der Naturwissenschaften, Technik und Medizin, Bd. 24 (1987), S. 63–76

Zu 5.:

Fucks, W.: Mathematische Analyse der Formalstruktur von Musik; Forschungsberichte des Wirtschafts- und Verkehrsministeriums Nordrhein-Westfalen Nr. 357, Köln 1958

Fucks, W. – Lauter, J.: Exaktwissenschaftliche Musikanalyse; Forschungsberichte des Landes Nordrhein-Westfalen, Nr. 1519, Köln 1965

Fucks, W.: Nach allen Regeln der Kunst. Diagnosen über Literatur, Musik, bildende Kunst – die Werke, ihre Autoren und Schöpfer; Stuttgart 1968

Zu 6.:

Wille, R.: Mathematik und Musiktheorie; in: G. Schnitzler (Hrsg.): Musik und Zahl. Interdisziplinäre Beiträge zum Grenzbereich zwischen Musik und Mathematik; Bonn-Bad Godesberg 1976, S. 233–264

Wille, R.: Mathematische Sprache in der Musiktheorie; in: Jahrbuch Überblicke Mathematik 1980, Mannheim 1980, S. 167–184

VI. Geschichte und Mathematik

Zu 2.:

Becker, O.: Grundlagen der Mathematik in geschichtlicher Entwicklung; Frankfurt/M. 1975

Fritz, K. v.: Der gemeinsame Ursprung der Geschichtsschreibung und der exakten Wissenschaften bei den Griechen; Philosophia Naturalis Bd. 2 (1952), S. 200–223 u. S. 376–379

Fritz, K. v.: Die griechische Geschichtsschreibung, Band I; Von den Anfängen bis Thukydides; Berlin 1967

Schadewaldt, W.: Die Anfänge der Geschichtsschreibung bei den Griechen. Herodot · Thukydides; Frankfurt/M. 1982

Waerden, B. L. v. d.: Die Beweisführung in den klassischen Wissenschaften des Altertums; in: H. G. Gadamer (Hrsg.): Um die Begriffswelt der Vorsokratiker; Darmstadt 1968, S. 43–48

Zu 3.:

Conze, W.: Leibniz als Historiker; Berlin 1951

Leibniz, G. W.: Die Werke von Leibniz gemäß seinem handschriftlichen Nachlasse in der Königlichen Bibliothek zu Hannover; hrsg. von Onno Klopp. Erste Reihe, Historisch-politische und staatswissenschaftliche Schriften, Zehnter Band; Hannover 1877

Scheel, G.: Leibniz als Historiker des Welfenhauses; in: W. Totok u. C. Haase (Hrsg.): Leibniz. Sein Leben – Sein Wirken – Seine Welt; Hannover 1966, S. 227–276

Scheel, G.: Leibniz und die deutsche Geschichtswissenschaft um 1700; in: H. Hammer u. J. Voss: Historische Forschung im 18. Jahrhundert. Organisation – Zielsetzung – Ergebnisse; Bonn 1976, S. 82–101

Studia Leibnitiana: Sonderheft 10. Leibniz als Geschichtsforscher; hrsg. v. A. Heinekamp; Wiesbaden 1982

Zu 4.:

Derrida, J.: Husserls Weg in die Geschichte am Leitfaden der Geometrie; München 1987

Husserl, E.: Die Krisis der europäischen Wissenschaften und die transzendentale Phänomenologie; hrsg. v. W. Biemel, 2. Auflage; Haag 1962

Zu 5.:

Aydelotte, W.O.: Quantifizierung in der Geschichtswissenschaft; in: H.U. Wehler (Hrsg.): Geschichte und Soziologie; Köln 1976, S. 259–282

Groh, D. – Wirtz, R.: Vom Nutzen und Nachteil des Quantifizierens für die Historie; in: P. Hoyningen-Huene (Hrsg.): Die Mathematisierung der Wissenschaften; Zürich 1983, S. 175–198

Heuss, A.: Römische Geschichte, 4. Aufl.; Braunschweig 1976

Hübner, K.: Apriorisches und Aposteriorisches in den Geschichtswissenschaften; Conceptus Bd. 10 (1976), S. 72–82

Jarausch, K.H. – Arminger, G. – Thaller, M.: Quantitative Methoden in der Geschichtswissenschaft; Darmstadt 1985

Zu 6.:

Scriba, C.J.: Über Aufgaben und Probleme mathematikhistorischer Forschung; in: W. Baron (Hrsg.): Beiträge zur Methodik der Wissenschaftsgeschichte; Wiesbaden 1967, S. 54–80

Scriba, C.J.: Geschichtsschreibung der Mathematik; Gießener Universitätsblätter Bd. 2 (1970), S. 44–51

Zu 7.:

Dilthey, W.: Gesammelte Schriften, XIX. Band. Grundlegung der Wissenschaften vom Menschen, der Gesellschaft und der Geschichte; hrsg. v. H. Johach u. F. Rodi; Göttingen 1982

Koselleck, R.: Darstellung, Ereignis und Struktur; in: ders.: Vergangene Zukunft; Frankfurt/M. 1979, S. 144–157

Schieder, Th.: Strukturen und Persönlichkeiten in der Geschichte; Historische Zeitschrift, Bd. 195 (1962), S. 265–296

VII. Recht und Mathematik

Zu 1.:

Stephanitz, D. v.: Exakte Wissenschaft und Recht. Der Einfluß von Naturwissenschaft und Mathematik auf Rechtsdenken und Rechtswissenschaft in zweieinhalb Jahrtausenden. Ein historischer Grundriß; Berlin 1970

Zu 2.:

Aristoteles: Nikomachische Ethik; übers. u. komment. v. F. Dirlmeier, 6. Auflage; Berlin 1974

BGB: Bürgerliches Gesetzbuch mit Einführungsgesetz und Nebengesetzen; Band 4. Schuldrecht III, 11. Aufl.; Stuttgart 1985; Band 7, Erbrecht, 11. Aufl.; Stuttgart 1983

Platon: Sämtliche Werke, Bd. 1–6; hrsg. v. W. F. Otto – E. Grassi – G. Plamböck; Reinbek 1958 ff

Zu 3.:

Hobbes, Th.: Vom Menschen – Vom Bürger: eingel. u. hrsg. v. G. Gawlick; Hamburg 1959

Zu 4.:

Ebbinghaus, H.-D. – Flum, J. – Thomas, W.: Einführung in die mathematische Logik, 2. Aufl.; Darmstadt 1986

Morscher, E.: Inwiefern betreffen Fragen der Vollständigkeit und Entscheidbarkeit den Juristen?; in: I. Tammelo – H. Schreiner: Strukturierungen und Entscheidungen im Rechtsdenken; Wien 1978, S. 99–118

Reisinger, L.: Möglichkeiten und Grenzen der Anwendung mathematischer Methoden im Recht; in: P. Hoyningen-Huene (Hrsg.): Die Mathematisierung der Wissenschaften; Zürich 1983, S. 159–174

Rödig, J.; Axiomatisierbarkeit juristischer Systeme; Datenverarbeitung im Recht, Bd. 1 (1972/73), S. 170–208

Zu 5.:

Lorenzen, P. – Lorenz, K.: Dialogische Logik: Darmstadt 1978

Philipps, L.: Das dialogische Tableau als Werkzeug des Rechts; in: Jahrbuch für Rechtssoziologie und Rechtstheorie, Band II; Düsseldorf 1972, S. 223–229

VIII. Philosophie und Mathematik

Zu 2.:

Aristoteles: Metaphysik; übers. u. hrsg. v. F. Schwarz; Stuttgart 1984

Gaiser, K.: Platons Zusammenschau der mathematischen Wissenschaften; Antike und Abendland; Bd. 32 (1986), S. 89–124
Mittelstraß, J.: Die geometrischen Wurzeln der Platonischen Ideenlehre; Gymnasium; Bd. 92 (1985), S. 399–418
Patzig, G.: Platons Ideenlehre, kritisch betrachtet; in: ders.: Tatsachen, Normen, Sätze; Stuttgart 1980, S. 119–143
Platon: Sämtliche Werke, Bd. 1–6; hrsg. v. W. F. Otto – E. Grassi – G. Plamböck; Reinbek 1958ff

Zu 3:

Baumgartner, H. M.: Kants „Kritik der reinen Vernunft". Anleitung zur Lektüre; Freiburg 1985
Jaspers, K.: Die großen Philosophen, 3. Aufl.; München 1981
Kant, I.: Werke in zehn Bänden: hrsg. v. W. Weischedel; Sonderausgabe Darmstadt 1983
Martin, G.: Immanuel Kant. Ontologie und Wissenschaftstheorie, 4. Aufl.; Berlin 1969

Zu 4.:

Radbruch, K.: Anschauung und Beweis in der Mathematik. Skeptische Anmerkungen zum Optimisten Schopenhauer; Schopenhauer-Jahrbuch, 69. Band (1988), S. 119–126
Schopenhauer, A.: Theorie des gesammten Vorstellens, Denkens und Erkennens. Philosophische Vorlesungen Teil I; aus dem handschr. Nachlaß hrsg. u. eing. v. V. Spierling; München 1986

Zu 5:

Aristoteles: Metaphysik; übers. u. hrsg. v. F. Schwarz; Stuttgart 1984
Aristoteles: Lehre vom Beweis oder Zweite Analytik (Organon IV); übers. u. m. Anm. vers. v. E. Rolfes; Hamburg 1976
Euklid: Die Elemente. Buch I–XIII; nach Heibergs Text übers. u. hrsg. v. C. Thaer; Darmstadt 1980
Frege, G.: Über die Grundlagen der Geometrie I; Jahresbericht der DMV, Bd. 15 (1906), S. 293–309
Gaiser, K.: Platons Zusammenschau der mathematischen Wissenschaften; Antike und Abendland, Bd. 32 (1986), S. 89–124
Hilbert, D.: Gesammelte Abhandlungen, Bd. III, 2. Aufl.; Berlin 1970

Kant, I.: Werke in zehn Bänden; hrsg. v. W. Weischedel; Sonderausgabe Darmstadt 1983

Leibniz, G. W.: Neue Abhandlungen über den menschlichen Verstand; übers., eing. u. erl. v. E. Cassirer; Hamburg 1971

Zu 6.:

Aristoteles: Metaphysik; übers. u. hrsg. v. F. Schwarz; Stuttgart 1984

Gaiser, K.: Platons Zusammenschau der mathematischen Wissenschaften; Antike und Abendland, Bd. 32 (1986), S. 89–124

Hersh, R.: Some proposals for reviving the philosophy of mathematics; Advances in Mathematics, Bd. 31 (1979), S. 31–50

Leibniz, G. W.: Hauptschriften zur Grundlegung der Philosophie. Band I; übers. v. A. Buchenau, hrsg. v. E. Cassirer, 3. Aufl.; Hamburg 1966

MacLane, S.: Mathematical models: a sketch for the philosophy of mathematics; The Amer. Math. Monthly, Bd. 88 (1981), S. 462–472

Radbruch, K.: Quantität und Qualität als Grundkategorien einer Philosophie der Mathematik bei Leibniz, Hegel und in der Gegenwart. V. Internationaler Leibniz Kongreß, Vorträge; Hannover 1988, S. 777–784.

Schafarevitsch, I. R.: Über einige Tendenzen in der Entwicklung der Mathematik; Jahrbuch der Akademie der Wissenschaften in Göttingen; Göttingen 1973, S. 37–42

Kleine Vandenhoeck-Reihe

1505 Friedrich Wille
Eine mathematische Reise
In Cantors Paradies, Zenons Hölle und andere Erholungsgebiete. 1984. 119 Seiten mit zahlreichen Abbildungen, kartoniert

1010 Bruno Snell
Neun Tage Latein
Plaudereien. 7. Auflage 1987. 70 Seiten, kartoniert

1144 Gottlob Frege
Funktion, Begriff, Bedeutung
Fünf logische Studien. Herausgegeben und eingeleitet von Günther Patzig. 6. Auflage 1986. 107 Seiten, kartoniert

1219 Gottlob Frege
Logische Untersuchungen
Herausgegeben und eingeleitet von Günther Patzig. 3., durchgesehene und bibliographisch ergänzte Auflage 1986. 146 Seiten, kartoniert